Divya P. Sukumaran
Mohamed Hatha Abdulla

Epidemiologia molekularna

Divya P. Sukumaran
Mohamed Hatha Abdulla

Epidemiologia molekularna

Escherichia coli z Cochin Estuary

Wydawnictwo Bezkresy Wiedzy

Imprint
Any brand names and product names mentioned in this book are subject to trademark, brand or patent protection and are trademarks or registered trademarks of their respective holders. The use of brand names, product names, common names, trade names, product descriptions etc. even without a particular marking in this work is in no way to be construed to mean that such names may be regarded as unrestricted in respect of trademark and brand protection legislation and could thus be used by anyone.

Cover image: www.ingimage.com

This book is a translation from the original published under ISBN 978-613-9-99254-6.

Publisher:
Wydawnictwo Bezkresy Wiedzy
is a trademark of
Dodo Books Indian Ocean Ltd., member of the OmniScriptum S.R.L Publishing group
str. A.Russo 15, of. 61, Chisinau-2068, Republic of Moldova Europe
Printed at: see last page
ISBN: 978-620-0-54681-4

Podziękowanie

Z wielką przyjemnością wyrażam wdzięczność tym wszystkim ludziom, którzy mnie wspierali i przyczynili się do powstania tej tezy. Przede wszystkim muszę uznać i podziękować Bogu Wszechmogącemu za błogosławieństwo, ochronę i prowadzenie mnie przez cały ten okres. Nigdy nie mógłbym tego dokonać bez wiary w Wszechmogącego.

Wyrażam głębokie poczucie szacunku dla mojego przełożonego, dr A.A. Mohameda Hatha, profesora Katedry Biologii Morskiej, Mikrobiologii i Biochemii, za jego stałe przewodnictwo, wsparcie, motywację i niestrudzoną pomoc w trakcie trwania mojego doktoratu. Dał mi wystarczająco dużo swobody podczas moich badań i zawsze był dla mnie miły. Jestem wdzięczny Wszechmogącemu za danie mi takiego mentora jak on.

Korzystam z tej okazji, aby szczerze podziękować Radzie Badań Przemysłowych i Naukowych (CSIR) za wsparcie finansowe w formie stypendium dla młodszych i starszych.

Z wdzięcznością dziękuję obecnemu i byłemu dyrektorowi Departamentu Biologii, Mikrobiologii i Biochemii Morskiej za wszelką pomoc i udogodnienia w pracy w tym departamencie.

Jestem wdzięczny wszystkim nauczycielom w Katedrze Biologii Morskiej, Mikrobiologii i Biochemii, a w szczególności dr Rosammie Philipowi, prof (dr) Babu Philipowi, prof (dr) Aneykutty Josephowi, dr A.V. Sarammie i dr S. Bijioyowi Nandanowi za ich cenne rady i sugestie.

Dziękuję również personelowi niedydaktycznemu wydziału za pomoc i dobre życzenia. Uznaje się również pomoc udzielaną przez pracowników biblioteki.

Z przyjemnością wspominam również moich kolegów z laboratorium, Jabir, Adarsh, Akhil, Nifty John, Soumya, Angel, Jismol, Bini, Shahana, Hafsa, Jemi i Midhunsha za ich miłość, troskę, wsparcie i stworzenie przyjemnej atmosfery dla mnie tutaj.

Na koniec, chciałbym złożyć wyrazy szacunku mojemu ojcu, panu Sukumaran. P.K. i matka pani Usha. K.C., za ich szczerą zachętę i inspirację w całej mojej pracy badawczej. Tak bardzo je kocham i bez nich nie doszłabym tak daleko. Szczególne podziękowania dla pana Binoj Kumar.V.C, mojego męża i jego wspaniałej rodziny, którzy wszyscy byli pomocni i troskliwi.

Divya. P.S.

Dedykowany do

Mój rodzic

Rozdział 1
Wprowadzenie ogólne

1.1 Wprowadzenie
1.1.1 *Escherichia coli*

E. coli jest znana biologom jako klasyczny system modelowy. Szczepy *E. coli* są wszechobecne w laboratoriach biologii molekularnej na całym świecie, a badania tego organizmu doprowadziły do wielu przełomowych osiągnięć w biologii. Większość tych prac została wykonana z wykorzystaniem pochodnych pojedynczego szczepu *E. coli*, K-12 (Bachmann, 1972). Poza laboratorium, szczepy *E. coli* istnieją jako prawie uniwersalny składnik flory dolnej części jelit ludzi i zwierząt. Chociaż zwykle jest to komensal, *E. coli* ma alter ego jako patogen, związany z chorobą biegunkową i infekcjami pozajelitowymi (Kaper *i in.*, 2004; Russo i Johnson, 2000; Nataro i Kaper, 1998), i to właśnie w tej roli *E. coli* jest najbardziej prawdopodobne, że zostanie uznana przez ogół społeczeństwa (Dixon, 1998).

E. coli została początkowo opisana (jako *gmina Bacterium coli*) przez niemieckiego lekarza Theodora Eschericha (1885). *E. coli* są pospolitymi mieszkańcami terminala jelita cienkiego i jelita grubego ssaków. Są one często najliczniejszymi beztlenami fakultatywnymi w tym środowisku. Od czasu do czasu mogą być izolowane w połączeniu z przewodem pokarmowym zwierząt innych niż ssaki i owady. Uważa się, że obecność *E. coli* w środowisku jest zwykle odzwierciedleniem zanieczyszczenia kałem, a nie zdolności do swobodnej replikacji poza jelitem. *E. coli* jest łatwo hodowana w laboratorium klinicznym, ale identyfikacja różnych genotypów patogennych wymaga metod wykrywania genów wirulencji, które nie są zazwyczaj dostępne w większości laboratoriów klinicznych. *E. coli występuje* wtórnie w glebie i wodzie w wyniku zanieczyszczenia fekaliami. Klasycznie, jego detekcja została wykorzystana jako wskaźnik złej jakości wody.

E. coli to pałeczki Gram-ujemne, nie tworzące pałeczek. Mają one około 0,5 µm średnicy i 1,0-3,0 µm długości. W obrębie peryferiów znajduje się pojedyncza warstwa peptydoglikanu. Peptydoglikan ma typową strukturę podjednostkową, gdzie kwas *N-acetylomuraminowy* jest połączony wiązaniem amidowym z peptydem składającym się z L-alaniny, kwasu *D-glutaminowego*, kwasu *mezo-diaminopimelinowego* i wreszcie D-alaniny.

E. coli to fakultatywny anaerobelek. Jest on zdolny do redukcji azotanów do azotynów. Podczas wzrostu fermentacyjnego na glukozie lub innych węglowodanach, produkuje kwas i gaz. W tradycyjnych klinicznych laboratoryjnych testac h biochemicznych, E. *coli daje wynik* pozytywny w przypadku produkcji indoli i testu czerwieni metylowej. Większość szczepów to oksydaza, cytrynian, ureaza i siarkowodór negatywny. Klasycznym testem różnicowym na oddzielenie przede wszystkim *E. coli* od *Shigella* i *Salmonella* jest zdolność *E. coli* do fermentacji laktozy, czego nie robią dwa ostatnie rodzaje. Poza laktozą większość szczepów *E. coli* może również fermentować D-mannitol, D-sorbitol, L-arabinozę, maltozę, D-ksylozę, trehalozę i D-mannozę. Większość szczepów *E. coli jest* zdolna do wzrostu w szerokim zakresie temperatur (około 15 - 48 °C). Tempo wzrostu jest maksymalne w wąskim zakresie 37 - 42 °C. *E. coli* może rosnąć w zakresie pH około 5,5 - 8,0 przy najlepszym wzroście występującym przy neutralności. Niektóre biegunkowe szczepy *E. coli* mają zdolność do tolerowania ekspozycji na pH 2,0.

1.1.1.1 *E. coli* jako nowy patogen

Niedawne ognisko przenoszone przez żywność, obejmujące szczep E. *coli krwotocznej* enteroagregacyjnej (*E. coli* O104:H4) pochodzący z kiełków w Niemczech i Francji (Buchholz *i in.*, 2011), podkreśla znaczenie nowo pojawiających się biegunkowych patotypów *E. coli*. Ponadto, szczep *E. coli* O104:H4 zamieszany w tę epidemię był szczepem EWEA, który nabył geny *stx*; ilustruje to, w jaki sposób mobilne geny *stx* mogą być przenoszone do różnych klas patogenów *E. coli,* co czyni je hiper-zjadliwymi patogenami i oznacza, że mają one potencjał do pojawienia się jako nowe szczepy *E. coli* wytwarzające toksyny Shiga (Grad *i in.*, 2013; Muniesa *i in.*, 2012).

1.1.1.2 Entrotoksyczna *E. coli* (ETEC)

Entrotoksyczne szczepy *E. coli* (ETEC) są główną przyczyną biegunki u dzieci żyjących w krajach rozwijających się i najczęstszą przyczyną biegunki podróżnych (Kosek *i in.*, 2003). Wiadomo, że bakterie ETEC przylegają do nabłonka jelita cienkiego nie powodując istotnych zmian morfologicznych, a także wydzielają białka (enterotoksyny), które zmieniają funkcje enterocytów poprzez zwiększenie wydzielania i zmniejszenie wchłaniania. Głównymi atrybutami wirulencji ETEC są więc adhezyny (głównie przydatki przypominające włosy, zwane fimbriae lub pili) oraz enterotoksyny (białka lub peptydy). Oprócz adhezyjnych i enterotoksycznych czynników zjadliwości, patogeneza obejmuje również czynniki gospodarza, z których najważniejsze są receptory na adhezyny i enterotoksyny.

Szczepy ETEC charakteryzują się dwoma głównymi czynnikami warunkującymi zjadliwość: enterotoksynami (toksyna termolibdenowa/LT i toksyna termolibdenowa/ST) oraz czynnikami kolonizacyjnymi (CF). Entrotoksyny to regulowane plazmidem wydzielane białka lub peptydy bakterii ETEC działające na nabłonek jelita, reprezentujące następujące kategorie enterotoksyn: 1) enterotoksyny wysokocząsteczkowe (88kDa) o dużej masie cząsteczkowej (LT) i różne warianty; 2) enterotoksyny peptydowe o małej masie cząsteczkowej (zawierające 11-48 aminokwasów) stabilne termicznie (ST). Enterotoksyny LT są produkowane głównie przez ETEC ludzi i świń i są znane jako pochodne toksyny cholery (CT) z cholery *Vibrio*. Enterotoksyny ST są produkowane przez ETEC pochodzenia ludzkiego, wieprzowego i wołowego. Toksyny LT mają dobrą antygenowość, podczas gdy toksyny ST nie. Toksyny LT można podzielić na dwie różne antygenowo i biologicznie grupy, ale strukturalnie podobne: LTI i LTII. Toksyny LTII są rzadkie i występują (u ludzi i u cieląt) w dwóch wariantach antygenowych (LTIIa i LTIIb) (O'Brien i Holmes, 1996). Toksyny ST mają dwie klasy: STa i STb (zwane również odpowiednio STI i STII).

1.1.1.3 *E. coli* produkująca toksyny Shiga (STEC)

Produkcja cytotoksyn zwanych toksynami Shiga jest główną cechą grupy *E. coli*, dla której jednocześnie użyto trzech terminów: E. *coli* produkująca toksyny Shiga (STEC), *E. col*i produkująca cytotoksyny vero (VTEC) oraz E. *col*i enterohemorrhagic (EHEC). Produkująca toksynę Shiga *E. coli* (STEC), jest najważniejszą, ostatnio powstałą grupą patogenów przenoszonych przez żywność. Jest to główna przyczyna zapalenia żołądka i jelit, które może być powikłane krwotocznym zapaleniem jelita grubego (HC) lub hemolitycznym zespołem mocznicowym (HUS), który jest główną przyczyną ostrej niewydolności nerek u dzieci (Beutin *i in*., 2004). Oprócz produkcji toksyn, innym czynnikiem związanym z zjadliwością, wyrażonym przez STEC, jest białko zwane intymnym, które jest odpowiedzialne za intymne przyłączenie STEC do komórek nabłonka jelita, powodując przyłączenie i zatarcie (A/E) zmian w błonie śluzowej jelita (Jerse *i in*., 1990). Intimin jest zakodowany przez chromosomalny gen *eae*, który jest częścią wyspy patogeniczności nazywanej locus for enterocyte effacement (LEE) (Kaper *i in.*, 1998).

1.1.1.4 Enteroagregacyjna *E. coli* (EAEC)

Enteroagregacyjne szczepy *E. coli* (EAEC) są czynnikami powodującymi trwałą biegunkę w krajach rozwijających się (Savarino, 1993). Grupa EAEC obejmuje szczepy *E. coli noszące aggR* regulon, który obejmuje geny wirulencji określające typowe, patogenne EAEC oraz *agresywne*, atypowe szczepy uważane za niepatogenne (Nataro *i in.*, 1998). Patotyp EWEA w największym stopniu związany jest z utrzymującą się biegunką, a długotrwały przewóz inwazyjnych szczepów EWEA może zaburzyć delikatną równowagę między wrodzoną odpowiedzią immunologiczną gospodarza a mikroorganizmem jelitowym. Co więcej, zdolność inwazyjna EAEC może nie tylko chronić bakterie przed reakcją immunologiczną gospodarza i bakteriocyny produkowane przez normalną mikroflorę jelitową, ale może również ułatwiać poziomy transfer genów i pozyskiwanie nowych czynników wirulencji.

Ta kategoria biegunkowych *E. coli* wykazuje typowy wzorzec adhezji agregacyjnej (AA) w połączeniu z hodowanymi komórkami nabłonkowymi i obojętnymi powierzchniami, w których bakterie łączą się ze sobą tworząc konfigurację ceglaną (Nataro *i in.*, 1987). Bakterie te charakteryzują się różnymi cechami wirulencji, do których należą: adhezyny fimbrialne i afimbrialne, enterotoksyny, takie jak enterotoksyna stabilna termicznie (EAST-1) (Savarino *i in.*, 1996), toksyna zakodowana w plazmidach (Pet) (Navarro-Garcia *i in.*, 1996), 1998), enterotoksyna *Shigella* 1 (ShET1) (Fasano *i in.*, 1995), *Pic*, mucynaza zaangażowana w kolonizację jelit (Henderson *i in.*, 1999) oraz wydzielone białko określane jako dyspersyna (Sheikh *i in.*, 2002).

1.1.1.5 Enteroinwazyjna *E. coli* (EIEC)

Enteroinwazyjna *E. coli* (EIEC) w swoich mechanizmach patogennych i rodzaju wytwarzanej przez nią choroby klinicznej ściśle przypomina *Shigella*. EIEC penetruje i namnaża się w komórkach nabłonkowych okrężnicy, powodując rozległe niszczenie komórek. Objawy kliniczne obejmują biegunkę przypominającą dyzenterię z gorączką (Nataro i Kaper, 1998). Duża część patogenezy EIEC jest wynikiem wielokrotnego działania jego plazmidowego systemu wydzielania typu III, wydzielającego wiele białek, takich jak IpaA, IpaB, IpaC i IpgD. Gen *IpAH* kodujący inwazyjny antygen plazmidu H znajduje się zarówno na chromosomie, jak i na plazmidach inwazyjnych (Dutta *i in.*, 2001).

1.1.1.6 Enteropatogeniczna *E. coli* (EPEC)

Enteropatogenne szczepy *E. coli* (EPEC) są definiowane jako endogenne, zawierające biegunki *E. coli*, które mają zdolność do tworzenia zmian A/E na komórkach jelitowych i nie posiadają genów toksyny Shiga (Kaper, 1996). EPEC są dalej klasyfikowane jako typowe, gdy posiadają plazmid EAF (dla czynnika przyczepności EPEC), który koduje przyczepność lokalną (LA) na hodowanych komórkach nabłonkowych za pośrednictwem Pilusa tworzącego wiązki (BFP); podczas gdy nietypowe szczepy EPEC nie posiadają plazmidu EAF. Typowe EPEC, stanowiące główną przyczynę biegunki niemowląt w krajach rozwijających się, są rzadkie w krajach uprzemysłowionych, gdzie nietypowe EPEC wydają się być ważniejszą przyczyną biegunki.

Zmiany przyczepne i wytarcia (A/E) są kluczową cechą patogenezy EPEC i charakteryzują się kameralnym przyleganiem bakterii do błony koniuszkowej enterocytu oraz miejscowym niszczeniem mikrokosmosu granicznego szczotki ze specyficznym skupieniem aktyn pod miejscem przylegania. Genetyczne determinanty produkcji zmian A/E znajdują się w locus of enterocyte effacement (LEE), wyspie patogeniczności na chromosomie *E. coli*, która zawiera geny kodujące intimin (*eae*), system sekrecji typu III, pewną liczbę wydzielanych białek (espA, *espB*) oraz przeniesiony receptor intimin Tir (tir) (Nataro i Kaper, 1998). Typowe szczepy EPEC noszą również duży plazmid EPEC adherence factor (EAF), który przedstawia skupisko genów kodujących pili typu IV (pęczek tworzący pilus-BFP), który łączy bakterie w mikrokoloniach i tym samym sprzyja ich stabilizacji (Nataro i Kaper, 1998).

1.1.1.7 *E. coli o różnej* przyczepności (DAEC)

Dyfuzyjnie przylegające *E. coli* (DAEC) są typami EPEC, które zawierają charakterystyczny, rozproszony wzór przylegania do monowarstw komórkowych HEp-2 (Bilge *i in*., 1989). Na podstawie tego zaproponowano dwie podklasy szczepów DAEC: enteropatogeniczna *E. coli* (DA-EPEC) o rozproszonym przywarciu do wyspy LEE oraz te DAEC, które wyrażają adhezyny (*draA-E* i *draP*) z rodziny *Afa/Dr* (Berger *i in*., 2004). Różnią się one od innych biegunkowych *E. coli* o wyraźnym fenotypie adhezyjnym, również na komórkach HEp-2. Przyczepność wywołują fimbry F1845, które należą do rodziny adhezynów Dr (występujących również w niektórych szczepach UPEC). Adhezyny Dr rozpoznają i wiążą się z czynnikiem przyspieszającym rozpad powierzchni komórki gospodarza (DAF). DAEC związane z hodowanymi komórkami wywołują fenotyp cytopatyczny i aktywację ścieżek transdukcji sygnału.

1.1.1.8 *E. coli* patogeniczna z przewodu pokarmowego (ExPEC)

E. coli od zakażeń dróg moczowych, krwiobiegu, ośrodkowego układu nerwowego, dróg oddechowych i otrzewnej różnią się od *E. coli komensalnej* i jelitowej patogenicznej. Ostatnio zaproponowano, aby te szczepy *E. coli* były zbiorowo nazywane ExPEC, a nie rozbijane jako uropatogenne *E. coli* (UPEC), *E. coli* związane z sepsą (SEPEC) oraz noworodkowe *E. coli* związane z zapaleniem opon mózgowych (NEMEC). W obrębie grupy UPEC znajdują się izolaty zapalenia pęcherza moczowego, odmiedniczkowego zapalenia nerek i usepsis. Szczepy te są głównymi przyczynami zachorowalności i śmiertelności z powodu zakażeń *E. coli, zarówno* społecznych jak i szpitalnych. Charakterystyczne cechy wirulencji obecne w większości ExPEC obejmują różne adhezyny (np. fimbriae typu P i I), czynniki pozwalające na uniknięcie lub obalenie systemów obronnych żywiciela (np. kapsułka, lipopolisacharyd), mechanizmy pozyskiwania składników pokarmowych (np. sideropory) oraz toksyny (np. hemolizyna, cytotoksyczny czynnik martwiczy 1).

1.1.2 Określanie serotypu

Gatunek *E. coli* jest serologicznie podzielony na grupy serologiczne i serotypy na podstawie jego składu antygenowego (antygeny somatyczne lub O dla grup serologicznych oraz antygeny flagowe lub H dla serotypów). Wiele szczepów wyraża trzecią klasę antygenów (antygeny kapsułkowe lub antygeny K), które chociaż są ważne w patogenezie, tylko sporadycznie są wykorzystywane do określania serotypu. Gatunek ten obejmuje patogeny jelitowe i pozajelitowe. Systematyczne określanie serotypu O E. *coli* rozpoczęło się na początku lat trzydziestych (Nataro i Kaper, 1998), a wiele badań wykazało, że serotyp O *E. coli jest na* ogół związany z patogenezą (Wang *i in.*, 1998). O określanie serotypu stało się ważnym narzędziem do klasyfikacji *E. coli* w warunkach klinicznych.

1.1.3 Analiza filogenetyczna

Obecnie istnieją cztery dobrze rozpoznane grupy filogrupowe i zostały one oznaczone jako A, B1, B2 i D. Clermont *i wsp.*, (2000) opracowali metodę multipleksową opartą na PCR, która umożliwia przypisanie szczepów *E. coli* do grupy filogrupowej przy użyciu dychotomicznego podejścia opartego na obecności lub braku dwóch genów (*chuA* i *yjaA*) oraz anonimowego fragmentu DNA (TSPE4.C2). Szczepy należące do grupy filogenetycznej B2 mają największą liczbę czynników zjadliwości, a następnie te należące do grupy D, podczas gdy większość szczepów komensalnych należy do grup A i B1 (Johnson *i in.*, 2005a; Johnson i *in.*, 2002a; Johnson i Stell, 2000). Czynniki wirulencji są zazwyczaj przenoszone na plazmidach, wyspach patogeniczności lub fagach i mają być wysoce wymienne między szczepami bakterii poprzez poziomy transfer genów (Hacker i Kaper, 2000).

1.1.4 Oporność na antybiotyki

E. coli, członek rodziny *Enterobacteriaceae*, jest pospolitym mieszkańcem jelita ludzkiego i zwierzęcego. Jest to najczęstsza przyczyna zakażeń szpitalnych i ogólnospołecznych Gram-ujemnych. Oporność na co najmniej dwie klasy antybiotyków w *E. coli* jest obecnie zwykłym znaleziskiem w medycynie ludzkiej i weterynaryjnej i ma coraz większy wpływ na dostępne opcje terapeutyczne. Kliniczne stosowanie antybiotyków, a tym samym skuteczne leczenie zakażeń bakteryjnych, jest w znacznym stopniu zagrożone ze względu na pojawienie się bakterii opornych na wiele klas powszechnie stosowanych antybiotyków. Środki antybiotyczne można znaleźć w ściekach, szczególnie w miejscach, gdzie leki te są szeroko stosowane, takich jak szpitale, zakłady produkcji farmaceutycznej i wokół gospodarstw, w których pasze zwierzęce zawierają te środki. Antybiotyki obecne w tych źródłach, okazały się odgrywać znaczącą rolę w naturalnej selekcji i przetrwaniu opornych szczepów. Szalone rozprzestrzenianie się oporności na antybiotyki wśród populacji bakterii jest coraz większym problemem na całym świecie. Wielolekooporne szczepy bakteryjne są powszechne w izolatach ludzkich i zwierzęcych na całym świecie.

1.1.5 Geny oporności na antybiotyki

Narastający problem pojawienia się bakterii opornych na antybiotyki i ich opornych genów staje się poważnym globalnym problemem zdrowotnym. Geny oporności na antybiotyki mogą być rozprzestrzeniane na mobilnych elementach genetycznych, takich jak plazmidy, transpozony i integrony. Bakterie przenoszące integrony mogą przenosić geny oporności na antybiotyki ze zwierząt na zwierzęta, a także na ludzi. Wiele kaset genów integronów zawiera geny oporności na antybiotyki i tym samym odgrywa ważną rolę w rozprzestrzenianiu się genów oporności na antybiotyki i rozwoju oporności wielolekowej. Rozprzestrzenianie się genów oporności na antybiotyki obecnych w jednostkach przenoszenia genów i rozprzestrzenianie się bakterii wieloopornych w przyrodzie może mieć konsekwencje dla zdrowia ludzkiego i rozwoju mikroorganizmów środowiskowych (Martinez, 2009). Oporność na antybiotyki może rozwijać się poprzez mutacje w chromosomalnym DNA lub poziomy transfer genów elementów ruchomych.

1.2 Cele ogólne

1) Izolowanie, charakterystyka i analiza różnorodności serologiczne j izolatów *E. coli* z ujścia Cochina.
2) Określenie grup filogenetycznych (zależność klonalna) pomiędzy izolatami *E. coli* z ujścia Cochina.
3) Do monitorowania rozpowszechnienia oporności na leki wśród izolatów *E. coli* z ujścia Cochina.
4) Ustalenie częstości występowania genów oporności na antybiotyki i całek integronów związanych z opornością na antybiotyki w izolatach *E. coli* z ujścia Cochina.

5) Analiza częstości występowania różnych genów czynników wirulencji w izolatach *E. coli* z ujścia Cochina.

Rozdział 2

Izolacja, identyfikacja i określanie serotypu izolatów *Escherichia coli* z ujścia Cochina

2.1 Wprowadzenie

Gatunek *E. coli* jest serologicznie podzielony na grupy serologiczne i serotypy na podstawie jego składu antygenowego (antygeny somatyczne lub O dla grup serologicznych oraz antygeny flagelarne lub H dla serotypów). Wiele szczepów wyraża trzecią klasę antygenów (antygeny kapsułkowe lub antygeny K), które chociaż są ważne w patogenezie, tylko sporadycznie są wykorzystywane do określania serotypu. Gatunek ten obejmuje patogeny jelitowe i pozajelitowe. Patogeny jelitowe znane są również jako biegunka *E. coli* (DEC), z których scharakteryzowano sześć kategorii: enteropatogenna *E. coli* (EPEC), wytwarzająca toksyny Shiga *E. coli* (STEC) lub verocytotoksyny produkujące *E. coli* (VTEC), enterotoksyczne *E. coli* (ETEC), enteroinwazyjne *E. coli* (EIEC), enteroagregatywne *E. coli* (EAEC) oraz dyfuzyjnie przylegające *E. coli* (DAEC) (Kaper *i in.*), 2004; Nataro i Kaper, 1998). Patogeny pozajelitowe (Extintestinal Patogens - EXPEC) są bardziej rozpowszechnionymi szczepami, do których należą te związane z zakażeniami dróg moczowych (UPEC), noworodkowym zapaleniem opon mózgowych (MAEC) i bakteriemiemii.

Systematyczne określanie serotypu O E. *coli* rozpoczęło się na początku lat trzydziestych (Nataro i Kaper, 1998), a wiele badań wykazało, że serotyp O *E. coli jest na* ogół związany z patogenezą (Wang *i in.*, 1998). O określanie serotypu stało się ważnym narzędziem do klasyfikacji *E. coli* w warunkach klinicznych. Wielokrotnie wykazano, że antygenowe typowanie *E. coli* jest niezwykle przydatne w badaniach epidemiologicznych (Blanco *i in.*, 2006b; Machado *i in.*, 2000; Orskov i Orskov, 1992).

2.2 Przegląd literatury

2.2.1 Określanie serotypu

Lipopolisacharyd (LPS) jest kluczowym składnikiem zewnętrznej membrany bakterii Gram-ujemnych. Zwykle składa się z trzech odrębnych regionów: region proksymalnego hydrofobowego lipidu A, dystalnego hydrofilowego antygenu O oraz łączącego się rdzenia oligosacharydu. Antygen O, który składa się z wielu powtórzeń oligosacharydu (jednostka O), jest jednym z najbardziej zmiennych składników komórek ze względu na różnice w rodzajach obecnych cukrów, rozmieszczenie cukrów w jednostce O oraz powiązania między jednostkami O (Reeves, 1994). Wysoce zmienny charakter antygenu O stanowi podstawę do określania serotypów, a 186 postaci antygenu O (serotypy) zostało rozpoznanych w *E. coli (w* tym *Shigella*) (Feng *i in.*, 2004). Tak więc serotyp szczepu koreluje do pewnego stopnia z jego filogenezą i często dostarcza cennych informacji o jego patotypie.

Od czasu wprowadzenia przez Kauffmanna w latach 40. ubiegłego wieku (Kauffmann, 1944, 1943), określanie serotypu jest najczęściej stosowaną metodą identyfikacji szczepów *E. coli* do celów epidemiologicznych i innych. Potencjał technik serologicznych w zakresie dyskryminacji szczepów jest znaczny. Wyodrębniono około 170 antygenów O (lipopolisacharyd), 71 K (kapsułkowy) i 56 H (biczowaty) i zidentyfikowano kilka tysięcy kombinacji tych antygenów wśród izolatów *E. coli* pochodzących ze źródeł naturalnych (Orskov i Orskov, 1984).

2.2.2 EPEC

EPEC produkuje potencjalnie śmiertelną biegunkę u niemowląt, zauważalną w krajach rozwijających się (Nataro i Kaper, 1998), i została wyizolowana z różnych gatunków zwierząt (Blanco *i in.*, 2005) oraz z różnych rodzajów żywności, w tym produktów z kurczaka (Nataro i Kaper, 1998).

Historycznie, szczepy EPEC zostały zidentyfikowane na podstawie serotypu, tj. wyraźnej kombinacji antygenów O (somatycznych) i H (flagellarnych), które zostały powiązane epidemiologicznie z biegunką dziecięcą. W 1987 r. Światowa Organizacja Zdrowia (World Health Organization, 1987) uznała serotypy EPEC 12 różnych grup serologicznych O (O26, O55, O86, O111, O114, O119, O125, O126, O127, O128, O142 i O158). Według Germani, (1995) enteropatogeniczna *E. coli* (EPEC), tradycyjnie reprezentowana przez wiele grup serologicznych, z których najważniejsze to O26, O55, O86, O111, O114, O119, O125, O127, O128 i O142. Najczęściej występującymi serogrupami w tej grupi e *E. coli* są: O18, O20, O25, O26, O44, O55, O86, O91, O111, O114, O119, O125ac, O126, O127, O128, O142 i O158 (Nataro i Kaper, 1998).

2.2.3 EIEC

Enteroinwazyjna *E. coli* (EIEC) w swoich mechanizmach patogennych i rodzaju wytwarzanej przez nią choroby klinicznej ściśle przypomina *Shigella.* EIEC penetruje i namnaża się w komórkach nabłonkowych okrężnicy, powodując rozległe niszczenie komórek. Objawy kliniczne obejmują biegunkę przypominającą dyzenterię z gorączką (Nataro i Kaper, 1998). Ludzie są głównym rezerwuarem dla EIEC (Kaper *i in.*, 2004). Według kilku sprawozdań (Stenutz *i in.*, 2006; Germani, 1995) enteroinwazyjna *E. coli* (EIEC), często niemotylowa i należąca do grup serologicznych O28, O29, O112, O124, O136, O143, O144, O152, O164, O167 i O173.

2.2.4 EAEC

Enteroagregacyjna *E. coli* (EAEC) pojawiła się jako ważny patogen wywołujący chorobę biegunkową w wielu środowiskach epidemiologicznych i klinicznych. Szczepy EAEC zostały wyizolowane od ludzi i gatunków zwierząt, takich jak cielęta, prosięta i konie. Jednak najbardziej znaczące szczepy pochodzą od ludzi (Uber *i in.*, 2006). *E. coli* należące do tej kategorii powodują wodnistą biegunkę, która często jest trwała i może być zapalna. Grupy serologiczne, które zostały zidentyfikowane w ramach grupy EWEA to O3, O7, O15, O44, O77, O86, O111, O126 i O127 (Stenutz *i in.*, 2006).

2.2.5 ETEC

Entrotoksyczne szczepy *E. coli* (ETEC) są główną przyczyną biegunki u dzieci żyjących w krajach rozwijających się i najczęstszą przyczyną biegunki podróżnych (Kosek *i in.*, 2003). ETEC powodują biegunkę bez gorączki i różnią się od innych patotypów *E. coli* produkcją enterotoksyn. ETEC została odizolowana od świń, bydła i ludzi (Kaper *i in.*, 2004).

Najczęściej zgłaszane w ETEC grupy serologiczne "O" to O6, O8, O11, O15, O20, O25, O27, O68, O77, O78, O85, O114, O115, O126, O128, O139, O148, O149, O153, O159, O166, O167 i O173 (Stenutz *i in.*, 2006; Nataro i Kaper, 1998; Germani, 1995. Dominują tu grupy serologiczne nie-betohemolityczne ETEC zidentyfikowane w biegunkach neonatalnych świń: O8, O9, O20, O64 lub O101.

2.2.6 STEC

Produkująca toksynę Shiga *E. coli* (STEC), zwana również werotoksyną produkującą *E. coli* (VTEC), to najważniejsza ostatnio powstała grupa patogenów przenoszonych przez żywność. Szczepy *E. coli* należące do grupy STEC są bardzo zróżnicowane fenotypowo, genetycznie i serologicznie. Ponad 400 serotypów STEC zostało wyizolowanych od ludzi, a jeszcze więcej typów STEC zostało wyizolowanych od żywności, zwierząt i środowiska. Jest to główna przyczyna zapalenia żołądka i jelit, które może być powikłane krwotocznym zapaleniem jelita grubego (HC) lub hemolitycznym zespołem mocznicowym (HUS), który jest główną przyczyną ostrej niewydolności nerek u dzieci (Beutin *i in.*, 2004; Blanco *i in.*, 2004).

Toksyna Shiga - produkująca *E. coli* (STEC) lub werotoksyczne *E. coli* (VTEC), które, jak stwierdzono, są powiązane z wieloma grupami serologicznymi i najczęściej z O26, O55, O103, O111, O128 i O157 (najbardziej epidemiczna grupa serologiczna) (Germani, 1995). Według Stenutza i *in.*, (2006) najbardziej powszechne grupy serologiczne EHEC to: O4, O5, O16, O26, O46, O48, O55, O91, O98, O111ab, O113, O117, O118, O119, O125, O126, O128, O145, O157 i O172. Opisano kilka serogrup EHEC: O176, O177, O178, O179, O180 i O181 (Scheutz *i in.*, 2004).

2.2.7 UPEC i/lub ExPEC

Podzbiór *E. coli*, który powoduje nieskomplikowane zapalenie pęcherza moczowego i ostre odmiedniczkowe zapalenie nerek, różni się od komensalnych szczepów E. coli, które tworzą większość *E. coli* zasiedlających dolną część okrężnicy człowieka. Tradycyjnie opisywano, że niektóre serotypy *E. coli* były konsekwentnie kojarzone z uropatogennością i były oznaczane jako uropatogenne *E. coli* (UPEC). *E. coli* z niewielkiej liczby grup serologicznych O - O4, O6, O14, O22, O75 i O83 - powodują 75% tych zakażeń dróg moczowych (Stenutz *i in.*, 2006). Grupy serologiczne najczęściej związane z uropatogennością to O1, O2, O4, O6, O7, O18 i O75 (Coimbra *i in.*, 2000). Szczepy należące do tej grupy posiadają unikalny zestaw czynników warunkujących zjadliwość, do których należą m.in. wyspecjalizowane fimbriae. Specyficzny podzbiór szczepów *E.*

coli, najczęściej należących do grup serologicznych O1, O2, O4, O6, O7, O16, O18 i O75, wyrażających α-hemolizynę i inne determinanty wirulencji, jest związany z większością przypadków posocznicy *E. coli*. Ponadto, pozajelitowa *E. coli* jest najczęstszą przyczyną noworodkowego zapalenia opon mózgowych. Grupy serologiczne najczęściej związane z zapaleniem opon mózgowych to O1, O7, O6 i O18. Najczęstsze grupy serologiczne szczepów P-fimbriated należały do jednej z sześciu grup serologicznych O1, O2, O4, O6, O7, O18 (Vrn, 1996).

2.3 Cele

1) Aby wyizolować i scharakteryzować *E. coli* z ujścia Cochina.
2) Aby dowiedzieć się o częstości występowania różnych serotypów izolatów *E. coli* w różnych stacjach w ujściu Cochina.

2.4 Materiały i metody

2.4.1 Izolacja *E. coli* z ujścia Cochina

2.4.1.1 Opis obszaru badań

Próbki wody zostały pobrane z pięciu różnych stacji położonych wzdłuż ujścia Cochina (rysunek 2.1). Stacje zostały wybrane w oparciu o ich bliskość do miast satelitarnych oraz wkłady odpadów. Dwie stacje, takie jak Chitoor (stacja 1) i Thevara (stacja 4), zostały umieszczone w górnym biegu rzeki, dwie w środkowej części ujścia, mianowicie Bolgatty (stacja 2) i Marine Science Jetty (stacja 3), a jedna w Barmouth (stacja 5). Stacje poboru próbek (Rysunek 2.2) zostały umieszczone w ujściu rzeki Cochin i wokół niej, ponieważ podejrzewano, że otrzymują one duże ilości ścieków.

2.4.1.2 Pobieranie próbek

Próbki wody były pobierane co miesiąc z pięciu różnych stacji wzdłuż ujścia rzeki Cochin przez okres trzech lat od stycznia 2010 do grudnia 2012. Próbki wody zostały zebrane w 1 litrze sterylnych plastikowych butelek

(Tarson, Indie) jedną stopę pod powierzchnią, aby uzyskać lepszą reprezentację słupa wody. Próbki wody zostały przetransportowane do laboratorium w lodówce i poddane badaniu bakteriologicznemu w ciągu czterech godzin od pobrania.

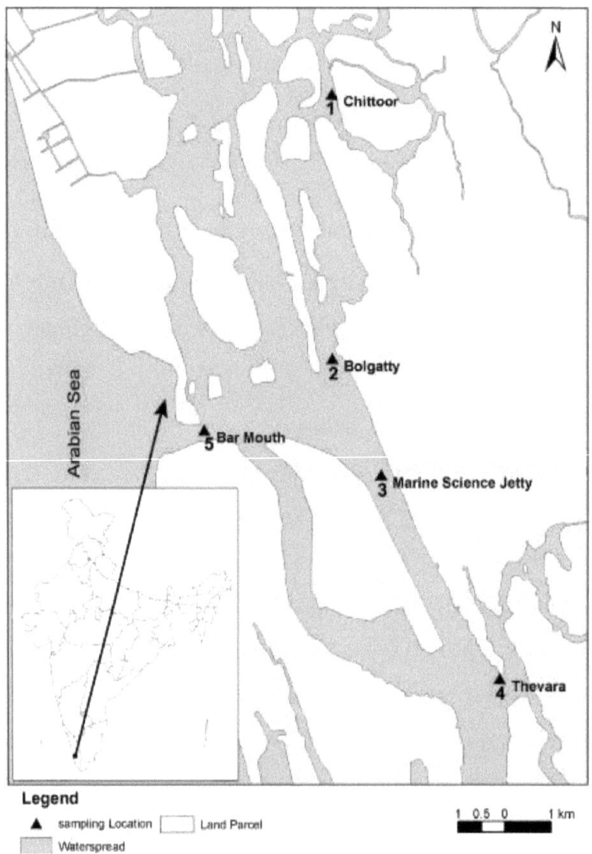

Rys. 2.1 Mapa ujścia rzeki Cochin przedstawiająca miejsca pobierania próbek

Station 1 (Chitoor) Station 2 (Bolgatty)

Station 3 (Off Marine Science Jetty) Station 4 (Thevara)

Station 5 (Barmouth)

Rysunek 2.2 Rysunek przedstawiający pięć stacji poboru próbek ustawionych przy ujściu Cochina

2.4.1.3 Izolacja *E. coli* od próbek wody

Próbki analizowano pod kątem występowania bakterii z grupy coli w kale większością prawdopodobnych liczb. Najbardziej prawdopodobną liczbę (MPN) ładunku bakterii kałowych typu coli oznaczono metodą rozcieńczania trzema probówkami przy użyciu bulionu MacConkeya (Hi-Media, Indie) jako pożywki. Dziesięć ml, 1 ml i 0,1 ml próbek wody zostało zaszczepionych do odpowiednich probówek rozcieńczających zawierających odwrócone probówki Durhama. Inokulowane probówki inkubowano w 37 ^{oC} przez 24 godziny i obserwowano ich wzrost i produkcję gazu. W celu izolacji *E. coli*, jedną z pętli z dodatniej probówki bulionowej MacConkeya wykazującej wzrost i produkcję gazu posrebrzano na płytki z błękitem metylenowym Eosin (EMB) (Hi-Media, Indie) i inkubowano w temperaturze 37 °C przez 24 godziny. Po inkubacji badano płytki, wybierano typowe kolonie *E. coli* podobne do kolonii, wznawiano je w celu zapewnienia czystości i szczepiono na sterylnym agarze odżywczym (Hi-Media, Indie) w celu dalszej charakteryzacji.

2.4.2 Biochemiczna identyfikacja *E. coli*

Typowe kolonie, które wyizolowano z płytek agarowych EMB i utrzymywano na fiolkach agarowych z pożywką poddano testowi IMViC, czyli produkcji indoli w bulionie tryptonowym, zdolności do wytwarzania różnych kwasów organicznych z mieszanej fermentacji kwasowej dekstrozy w teście czerwieni metylowej, zdolności do wytwarzania niekwaśnych produktów ubocznych w teście Voges-Proskauer oraz zdolności do wykorzystania cytrynianu sodu jako jedynego źródła węgla w teście cytrynianowym. Hodowle dające + + - - - reakcję potwierdzono jako *E. coli.*

2.4.2.1 Badanie nieciągłości

Test indolowy służy do sprawdzania uwalniania się pierścienia indolowego z rozpadu tryptofanu przez *E. coli.* Wstępne hodowle *E. coli* zaszczepiono do bulionu tryptonowego i inkubowano w temperaturze 37 °C przez 48 godzin. Po inkubacji, do podłoża dodano 1 ml odczynnika Kovaca. Rozwój czerwonego pierścienia w warstwie odczynnika jest uważany za dodatni indol.

2.4.2.2 Badanie czerwieni metylowej (MR)

W tym teście sprawdzono zdolność *E. coli* do wytwarzania różnych kwasów organicznych, a następnie obniżenie pH do 4,6 lub poniżej w wyniku mieszanej fermentacji kwasowej dekstrozy. Hodowle podejrzane o *E. coli* zaszczepiono do bulionu MR-VP (Hi-Media, Indie) i inkubowano w 37 °C przez 48 godzin. Po inkubacji dodano kilka kropli odczynnika czerwieni metylowej. Trwałe czerwone zabarwienie po dodaniu czerwieni metylowej wskazuje na pozytywny wynik testu czerwieni metylowej. Kolor żółty lub pomarańczowy jest uważany za negatywny.

2.4.2.3 Test Voges Proskauer (VP)

Badanie Voges Proskauer (VP) przeprowadzono w celu określenia zdolności *E. coli* do wytwarzania niekwasowych produktów ubocznych, takich jak acetylo-metylokarbinol z dekstrozy. Podejrzewane kolonie zaszczepiano do bulionu MR-VP i w temperaturze 37 °C przez 48 godzin. Po inkubacji do podłoża dodano kilka kropli odczynnika Barritsa "A". Dodano również równą objętość odczynnika Barritsa "B". Rurki były pozostawione na 15 minut przed odczytaniem wyniku. Rozwój wiśniowo-czerwonego koloru został uznany za pozytywny dla testu Vogesa-Proskauera. *E. coli nie* jest w stanie produkować acetylo-metylokarbinoolu i dlatego daje negatywny wynik.

2.4.2.4 Badanie cytrynianu

W badaniu cytrynianu oceniono zdolność *E. coli* do wykorzystania cytrynianu sodu jako jedynego źródła węgla. Wstępne kultury *E. coli* zaszczepiono do agaru cytrynianowego Simmons i inkubowano w temperaturze 37 °C przez 48 godzin. Jako pozytywny wynik testu na wykorzystanie cytrynianów odnotowano rozwój głębokiej niebieskiej barwy prusywnej. *E. coli nie* jest w stanie wykorzystać cytrynianu sodu jako jedynego źródła węgla i dlatego daje negatywny wynik.

2.4.3 Określanie serotypu *E. coli*

Potwierdzono, że serotypy kultur *E. coli* zostały określone w National *Salmonella* i *Escherichia* Center, Central Research Institute, Kasauli, Himachal Pradesh, Indie.

2.4.4 Charakterystyka molekularna *E. coli*

2.4.4.1 Izolacja DNA od *E. coli*

DNA z genomu bakterii zostało pobrane zgodnie ze standardową metodą trawienia białka K (Sambrook *i in.*, 1989). Kultury bakterii zawieszono w bulionie Luria Bertani (Hi-Media, Indie) i inkubowano w inkubatorze orbitalnym (Orbitek, Indie) w temperaturze 37 °C, 110 obr/min przez 12 godzin. Dwunastogodzinne komórki bakteryjne były granulowane przy 15000 × g przez 10 minut, a następnie zawieszane w buforze TEN (Tris-HCl (pH 7,2), 10 mM EDTA, 250 mM NaCl) zawierającym 1% siarczanu dodecylu sodu (Hi-Media, Indie). Następnie dodano białko K (GeNeiTM, Indie) do ostatecznego stężenia 100 µg/ml i delikatnie wymieszano. Zawiesinę inkubowano w temperaturze 37 °C przez 60 min. DNA otrzymane w wyniku sekwencyjnej ekstrakcji fenolu-chloroformu i alkoholu chloroformowo-izoamowego zostało wytrącone przez dodanie 2,5 objętości absolutnego alkoholu etylowego, a DNA zostało zawieszone w 100 µl buforu TE (10 mM Tris-HCl, 1 mM EDTA-pH 7,5). DNA zostało sprawdzone pod kątem czystości poprzez elektroforezę w żelu agarozowym.

2.4.4.2 Reakcja łańcuchowa polimerazy (PCR) w celu wykrycia genu *uid A* w *E. coli*

Reakcja łańcuchowa polimerazy (PCR) została wykorzystana do wykrycia obecności genu *uidowego,* który koduje enzym β-Dglukuronidazy. Region kodowania 147 bp genu *E. coli uid* został wzmocniony metodą PCR, przy użyciu 20 i 21-metrowych primerów UAL-754 (5'-AAAACGGCAAGA AAAAGCAG-3') i UAR-900 (5'-ACGCGTGTACAGTCTTGCG-3') (Bej *i in.*, 1991). Zoptymalizowany protokół został przeprowadzony przy użyciu mieszaniny PCR 25 µl zawierającej 2,5 mM MgCl2, 2,5 µl buforu Taq (Tris (pH 9,0) w temperaturze 25°C, KCl i Triton X-100), 2,5 mM każdy z mieszaniny dNTP, 1 pmol/µl każdego z primerów, 1 U polimerazy Taq (GeNeiTM, Indie) i 1 µl wzorca DNA. Amplifikację przeprowadzono za pomocą termocyklera zaprogramowanego na 1 cykl 2 min w temperaturze 94 °C; 25 cykli 1 min w temperaturze 94 °C, 1,5 min w temperaturze 58 °C, 2 min w 72 °C; 1 cykl 5 min w 72 °C. Produkty PCR były następnie poddawane elektroforezie na 1,5% żelu agarozowym (Hi-Media, Indie), barwione bromkiem etydyny (GeNeiTM, Indie) i wizualizowane przez Gel Documentation System (BioRad Gel DocTM EZ Imager, USA).

2.5 Wyniki

2.5.1. Różnorodność serotypów *E. coli* w ujściu Cochina

2.5.1.1 Ogólne zróżnicowanie serotypów *E. coli* w ujściu Cochina

Określanie serotypu 223 izolatów *E. coli* z ujścia Cochina wykazało, że należały one do 58 różnych serotypów (tabela 2.1). Około 18% izolatów było nieoznaczalnych (UT), a 15% było szorstkich (R). Serotypy chorobotwórcze *E. coli* takie jak O25, O60, O75 były izolowane z dużą częstotliwością, gdzie jak O157, O153, O148 spotykano się bardzo rzadko. Wszystkie izolaty zostały potwierdzone poprzez identyfikację na poziomie molekularnym za pomocą reakcji łańcuchowej polimerazy ze starterami UAL-754 i UAR-900 w celu amplifikacji regionu kodowania aminokwasów *uid A* wytworzonych z pasm DNA o wartości 147 bp dla wszystkich izolatów *E. coli* (rysunek 2.3).

Stacje znajdujące się w pobliżu Cochin City, takie jak Bolgatty i Off Marine Science, dawały bardziej zróżnicowane serotypy patogeniczne. Rozmieszczenie przestrzenne różnych serotypów chorobotwórczych *E. coli* w ujściu Cochina podano w tabeli 2.2.

W stacjach 1, 2 i 5 uzyskano bardziej zróżnicowane serotypy w okresie przedpołudniowym, a w okresie popołudniowym zróżnicowane serotypy w stacjach 3 i 4. Czasowy rozkład różnych serotypów chorobotwórczyc h *E. coli* w ujściu Cochina podano w tabeli 2.

Tabela 2.1 Procentowa częstość występowania różnych serotypów *E. coli* w ujściu Cochina

Serotyp	**częstotliwość występowania**	**Serotyp**	**częstotliwość występowania**	**Serotyp**	**częstotliwość występowania**	**Serotyp**	**częstotliwość występowania**
UT	17.93	O56	1.79	O20	0.89	O157	0.44
R	15.24	O76	1.79	O55	0.89	O163	0.44
O25	7.62	O103	1.34	O64	0.89	O18	0.44
O60	3.58	O114	1.34	O69	0.89	O2	0.44
O75	3.58	O149	1.34	O90	0.89	O34	0.44
O4	3.13	O21	1.34	O91	0.89	O39	0.44
O8	2.69	O22	1.34	O100	0.44	O41	0.44
O1	2.24	O29	1.34	O105	0.44	O47	0.44
O147	2.24	O59	1.34	O112	0.44	O52	0.44
O37	2.24	O10	0.89	O113	0.44	O58	0.44

O28	1.79	O10 2	0.89	O13	0.44	O6	0.44
O30	1.79	O11	0.89	O13 5	0.44	O61	0.44
O35	1.79	O11 6	0.89	O14 8	0.44	O62	0.44
O44	1.79	O16 6	0.89	O15 3	0.44	O87	0.44
O5	1.79	O17 0	0.89	O15 4	0.44	O9	0.44

Klasyczne serotypy związane z wytwarzaniem toksyn shiga i enterotoksycznych *E. coli* zostały wykryte w wysokim stopniu.

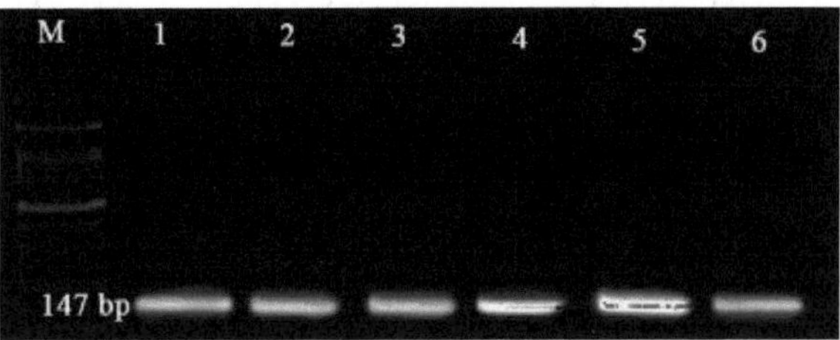

Rysunek 2.3 Obraz żelowy przedstawiający wykrywanie genu *uidA* w *E. coli.*

Pasy ruchu, M: 100 bp Marker; 1-6: Izolaty *E. coli*

Tabela 2.2 Rozkład przestrzenny różnych serotypów chorobotwórczych *E. coli* w ujściu Cochina

Stacja Nie*	**Serotypy patogeniczne**
1.	O1, O18, O21, O22, O25, O28, O44, O55, O60, O91, O105, O112, O114, O163.
2.	O1, O2, O4, O5, O10, O13, O21, O20, O25, O29, O34, O37, O41, O44, O52, O59, O60, O75, O87, O90, O116, O147, O154, O157.

3.	O6, O8, O20, O22, O25, O29, O35, O37, O39, O60, O75, O147, O148, O149, O153, O166.
4.	O8, O9, O11, O25, O28, O44, O60, O75, O76, O113, O116, O147, O166.
5.	O1, O4, O5, O25, O28, O29, O64, O75, O102, O103, O114, O149.

* 1, Chitoor; 2, Bolgatty; 3, Off Marine Science Jetty; 4, Thevara; 5, Barmouth

Tabela 2.3 Czasowe rozmieszczenie różnych serotypów chorobotwórczych *E. coli* w ujściu Cochina

Stacja Nie*	Przedpołudniowy	Monsoon	Post-Monsoon
1.	O25, O114, O28, R, UT, O25, O112, O58, O163, O44	UT, O18, O114, O105, O55, O22	R, UT, O25, O60, O21, O1, R, O91
2.	O59, R, O60, O2, O116, O4, O41, UT, O52, O30, O147, O30, O60, O25, O5, O44, O61	UT, O30, O20, O4, O59, O157, O44, O154, O25, O10, O34	UT, O90, O25, R, O75, O29, O1, O69, O37, O13, O87, O21, O147
3.	R, O147, O37, UT, O135, O20, , O75, O60, O39, O8	O166, O30, O8, UT, O149, O29, O6	O25, UT, O35, O22, O60, O153, O147, R, O149, O148, O37, O8
4.	UT, R, O100, O75, O9, O25, O8	O11, UT, O90, R, O116, O76, O60, O62, O44	O11, R, O60, O75, O147, O28, UT, O113, O166
5.	O4, O64, UT, O75, O29, O64, O103, O114, O5, R	O5, R, O28, O170, O75, O1, O102, O170	R, O149, UT, O25, O28, O56,

* 1, Chitoor; 2, Bolgatty; 3, Off Marine Science Jetty; 4, Thevara; 5,

Barmouth

2.5.1.2 Rozmieszczenie różnych klas serotypów *E. coli* w ujściu rzeki Cochin

Enteroagregacyjny serotyp *E. coli* reprezentowany był tylko przez jeden serotyp O44. 6 szczepów w EIEC należało do 2 serotypów. Około 4% izolatów było z klasycznymi serotypami EIEC, takimi jak O29 i O28. W skład klasycznego EPEC wchodziło 15 szczepów należących do serotypów O13, O21, O34, O37, O64, O10 i O9. Wyizolowane serotypy zawarte w klasycznych enterotoksycznych *E. coli* to O11, O112, O114, O147, O148, O149, O153, O166, O20, O25, O41, O6 i O8. Ponad 30% izolatów należało do serotypu ETEC. Około 29% izolatów było reprezentowanych przez klasyczne serotypy STEC. STEC należał do 19 serotypów. Serotypy to O102, O103, O105, O113, O116, O154, O157, O163, O22, O35, O39, O4, O5, O52, O55, O60, O76, O87 i O91. Najbardziej znanymi serotypami odpowiadającymi cechom UPEC były O1, O18, O2, O59 i O75. Ponad 11% izolatów było nie patogennych i należało do serotypów takich jak: O47, O56, O58, O100, O135, O170, O30, O61, O62, O69, O90 (rysunek 2.4).

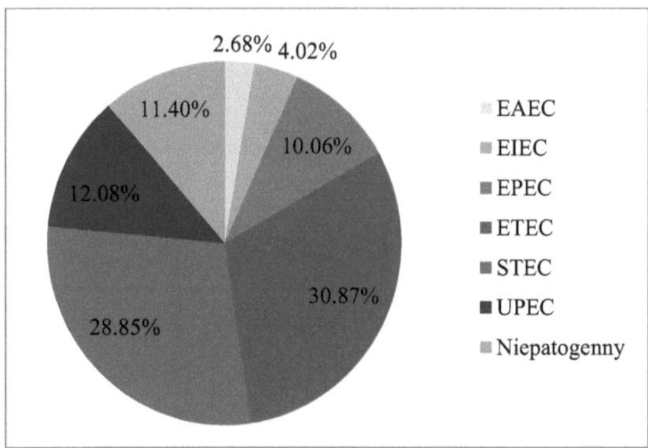

Rys. 2.4 Rozmieszczenie różnych klas serotypów *E. coli* w ujściu Cochina.

2.5.1.3 Różnorodność serotypów *E. coli* w stacji 1 (Chitoor)

Spośród 47 szczepów *E. coli* wyizolowanych ze stacji 1 (Chitoor), 36 izolatów zostało oznaczonych serotypami. Około 14% izolatów było nietypowych, a 14% szorstkich. Ze stacji tej uzyskano piętnaście różnych serotypów (tabela 2.4). Klasyczne serotypy związane z produkcją toksyn shiga i enterotoksycznych *E. coli* były często wykrywane. Odsetek zachorowań na O25 był bardzo wysoki, co jest tradycyjnym serotypem ETEC.

Tabela 2.4 Procentowa częstość występowania różnych serotypów *E. coli* w stacji 1 (Chitoor)

Serotyp	częstotliwość występowania	Serotyp	częstotliwość występowania
O25	16.66	O112	2.77
R	13.88	O163	2.77
UT	13.88	O18	2.77
O1	5.55	O28	2.77
O114	5.55	O44	2.77
O21	5.55	O58	2.77
O22	5.55	O60	2.77
O55	5.55	O91	2.77
O105	2.77		

2.5.1.3.1 Rozmieszczenie różnych klas serotypów *E. coli* w stacji 1 (Chitoor)

Około 34% izolatów było reprezentowanych przez klasyczne serotypy STEC należące do 6 serotypów, takich jak O105, O163, O22, O55, O60 i O91 (rysunek 2.5). Entrotoksyczne *E. coli* również stanowiły prawie 34%, w tym serotypy takie jak O112, O114 i O25. Enteroagregacyjny serotyp *E. coli* reprezentowany był tylko przez jeden serotyp O44. Tradycyjny serotyp EIEC zawierał tylko jeden szczep należący do serotypu O28. Klasyczny serotyp EPEC zawierał 2 szczepy należące do serotypu O21. Najbardziej znanymi serotypami UPEC były O1, i O18. Tylko jeden izolat był nie patogenny i należał do serotypu O58.

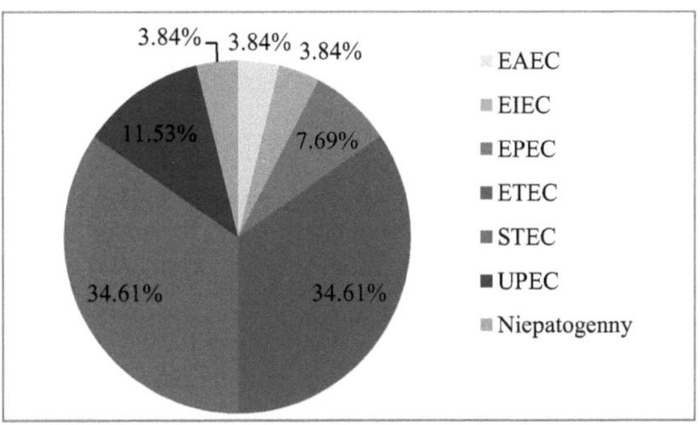

Rys. 2.5 Rozmieszczenie różnych klas serotypów *E. coli* w stacji 1 (Chitoor)

2.5.1.4 Różnorodność serotypów *E. coli* na stacji 2 (Bolgatty)

Z 75 szczepów *E. coli* wyizolowanych ze stacji 2 (Bolgatty), 64 izolaty zostały oznaczone serotypami. Około 12% izolatów było nietypowych, a 14% szorstkich. Ze stacji tej uzyskano dwadzieścia osiem różnych serotypów (tabela 2.5). Dominowały klasyczne serotypy związane z produkującą toksynę Shiga *E. coli.* Procentowa częstość występowania serotypu O4 była bardzo wysoka, co jest tradycyjnym serotypem STEC.

Tabela 2.5 Procentowa częstość występowania różnych serotypów *E. coli* na stacji 2 (Bolgatty)

Serotyp	częstotliwość występowania	Serotyp	częstotliwość występowania	Serotyp	częstotliwość występowania
R	14.06	O41	3.12	O29	1.56
UT	12.5	O60	3.12	O34	1.56
O4	9.37	O69	3.12	O44	1.56
O25	6.25	O116	1.56	O47	1.56
O30	4.68	O13	1.56	O5	1.56
O59	4.68	O154	1.56	O52	1.56
O1	3.12	O157	1.56	O61	1.56
O10	3.12	O2	1.56	O75	1.56
O147	3.12	O20	1.56	O87	1.56
O37	3.12	O21	1.56	O90	1.56

2.5.1.4.1 Rozmieszczenie różnych klas serotypów *E. coli* na stacji 2 (Bolgatty)

Wyizolowane serotypy zaliczane do klasycznych enterotoksycznych *E. coli* to O147, O20, O25 i O41, które stanowiły 14% (rys. 2.6). Około 34% izolatów było reprezentowanych przez klasyczne serotypy STEC należące do 9 serotypów, takich jak O116, O154, O157, O4, O5, O52, O60, O87 i O90. Te dwa szczepy należały do EWEA reprezentowane przez jeden serotyp O44. Tradycyjny serotyp EIEC zawierał tylko jeden szczep należący do serotypu O29. W skład klasycznego EPEC wchodziło 7 szczepów należących do serotypów O10, O13, O34 i O37. Najbardziej znanymi serotypami UPEC były O1, O2, O59 i O75. Około 15% izolatów nie było chorobotwórczych i należało do serotypów, takich jak O30, O47, O61 i O69.

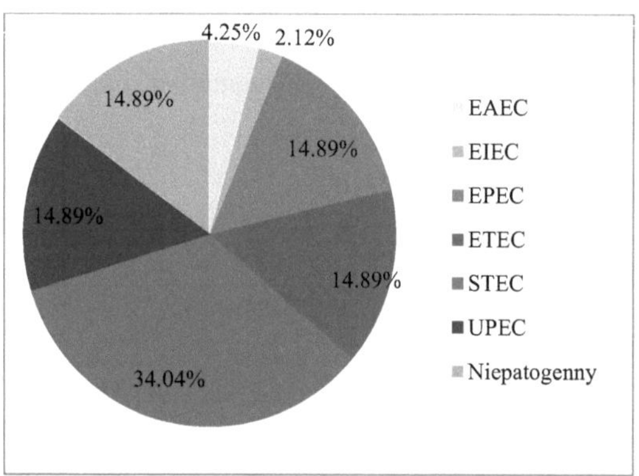

Rys. 2.6 Rozkład różnych klas serotypów *E. coli* w stacji 2 (Bolgatty)

2.5.1.5 Różnorodność serotypów *E. coli* na stacji 3 (Off Marine Science Jetty)

Ze stacji tej uzyskano dwadzieścia różnych serotypów (tabela 2.6). Około 27% izolatów było nietypowych, a 7,5% było szorstkich. Klasyczne serotypy związane z enterotoksyczną *E. coli* zostały wysoko wykryte. Odsetek zachorowań na O8 był bardzo wysoki, co jest tradycyjnym serotypem ETEC.

Tabela 2.6 Procentowa częstość występowania różnych serotypów *E. coli* na stacji 3 (poza portem morskim)

Serotyp	częstotliwość występowania	Serotyp	częstotliwość występowania	Serotyp	częstotliwość występowania
UT	27.5	O135	2.5	O20	2.5
O8	10	O148	2.5	O22	2.5
O37	7.5	O153	2.5	O25	2.5
R	7.5	O39	2.5	O29	2.5
O147	5	O6	2.5	O30	2.5
O149	5	O75	2.5	O35	2.5
O60	5	O166	2.5		

2.5.1.5.1Dystrybucja różnych klas serotypów *E. coli* na stacji 3 (Off Marine Science Jetty)

Wyizolowane serotypy zaliczane do klasycznych enterotoksycznych *E. coli reprezentowane były* przez O147, O148, O149, O153, O166, O20, O25, O6 i O8, które łącznie stanowiły 53% izolatów (rys. 2.7). Tradycyjny serotyp EIEC zawierał tylko jeden szczep należący do serotypu O29. Około 11% izolatów było z klasycznymi serotypami EPEC reprezentowanymi przez O37. Około 19% izolatów reprezentowanych było przez klasyczne serotypy STEC należące do 4 serotypów, takich jak O22, O35, O39 i O60. Najbardziej znanym serotypem UPEC był O75. Ponad 7% izolatów było nie patogennych i należało do serotypów takich jak O135 i O30.

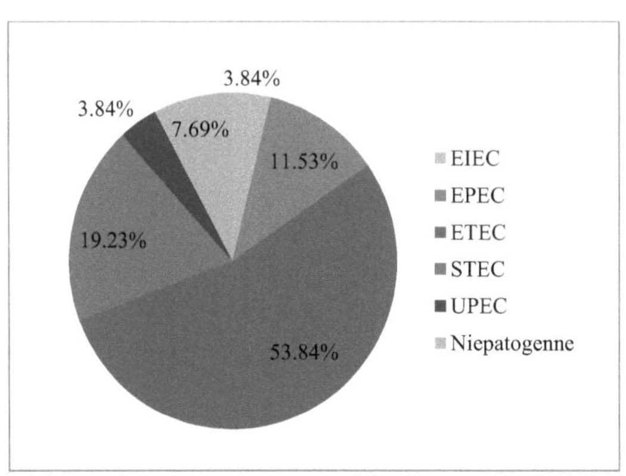

Rys. 2.7 Rozmieszczenie różnych klas serotypów *E. coli* w stacji 3 (Off marine Science Jetty)

2.5.1.6 Różnorodność serotypów *E. coli* w stacji 4 (Thevara)

W stacji tej dominowały klasyczne serotypy związane z enterotoksyczną *E. coli*. *Odsetek* zachorowań na O75 był bardzo wysoki, co jest tradycyjnym serotypem UPEC. Około 24% izolatów było nietypowych, a 19% szorstkich. Ze stacji tej uzyskano osiemnaście różnych serotypów (tabela 2.7).

Tabela 2.7 Procentowa częstość występowania różnych serotypów *E. coli* w stacji 4 (Thevara)

Serotyp	częstotliwość występowania	Serotyp	częstotliwość występowania	Serotyp	częstotliwość występowania
UT	24.39	O100	2.43	O28	2.43
R	19.51	O113	2.43	O44	2.43
O75	9.75	O116	2.43	O62	2.43
O60	7.31	O147	2.43	O76	2.43
O11	4.87	O166	2.43	O9	2.43
O8	4.87	O25	2.43	O90	2.43

2.5.1.6.1 Dystrybucja różnych klas serotypów *E. coli* na stacji 4 (Thevara)

Około 26% izolatów było reprezentowanych przez klasyczne serotypy STEC. STEC należał do 4 serotypów, takich jak O113, O116, O60 i O76. Wyizolowane serotypy zawarte w klasycznych enterotoksycznych *E. coli* to O11, O147, O166, O25 i O8. Ponad 30% izolatów należało do serotypu ETEC (rysunek 2.8). Serotyp EWEA reprezentowany był tylko przez O44. Tradycyjny serotyp EIEC zawierał tylko jeden szczep należący do serotypu O28. Klasyczny serotyp EPEC zawierał tylko jeden szczep należący do serotypu O9. Najbardziej znanym serotypem UPEC był O75. Około 13% izolatów było nie patogennych i należało do serotypów takich jak O100, O63 i O90.

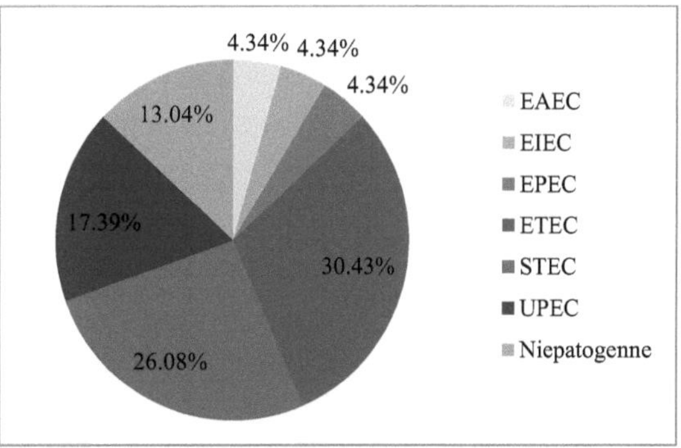

Rys. 2.8 Rozmieszczenie różnych klas serotypów *E. coli* w stacji 4 (Thevara)

2.5.1.7 Różnorodność serotypów *E. coli* w stacji 5 (Barmouth)

Spośród 60 szczepów *E. coli* wyizolowanych ze stacji 5 (Barmouth), 42 izolaty zostały oznaczone serotypami. Około 14% izolatów było nietypowych, a 21% szorstkich. Ze stacji tej uzyskano szesnaście różnych serotypów (tabela 2.8). Klasyczne serotypy związane z produkującą toksynę Shiga *E. coli* były często spotykane w tej stacji. Odsetek zachorowań na O25 był bardzo wysoki, co jest tradycyjnym serotypem ETEC.

Tabela 2.8 Procentowa częstość występowania różnych serotypów *E. coli* w stacji 5 (Barmouth)

Serotyp	częstotliwość występowani a	Serotyp	częstotliwość występowania
R	21.42	O64	4.76
UT	14.28	O75	4.76
O25	11.9	O1	2.38
O103	7.14	O114	2.38
O5	7.14	O149	2.38
O102	4.76	O29	2.38
O170	4.76	O4	2.38
O28	4.76	O56	2.38

2.5.1.7.1Dystrybucja różnych klas serotypów *E. coli* na stacji 5 (Barmouth)

Wyizolowane serotypy zaliczane do klasycznych enterotoksycznych *E. coli* to O114, O149 i O25, które łącznie stanowiły ponad 25% izolatów (rysunek 2.9). Około 33% izolatów było reprezentowanych przez klasyczne serotypy STEC. Serotypy to O102, O103, O4 i O5. W skład klasycznej EIEC wchodziły 3 szczepy należące do serotypów O28 i O29. 2 szczepy w klasycznym serotypie EPEC należały do O64. Najbardziej znanymi serotypami UPEC były O1, i O75. Około 11% izolatów było nie patogenicznych i należało do O170.

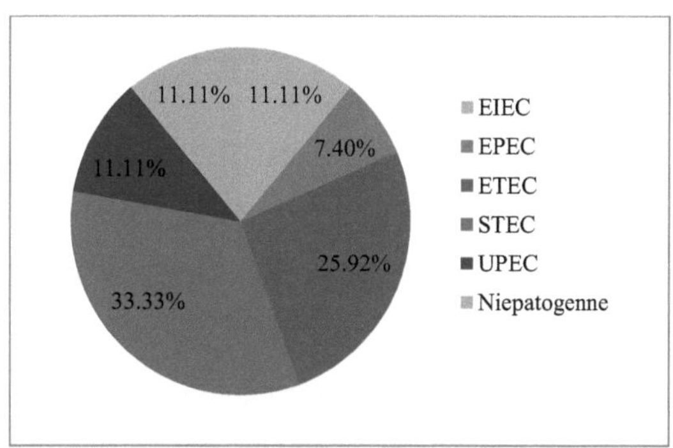

Rysunek 2.9 Rozmieszczenie różnych klas serotypów *E. coli* w stacji 5 (Barmouth)

2.6 Dyskusja

2.6.1 Określanie serotypu izolatów *E. coli*

Chociaż *E. coli* uważane jest za komensal, powoduje wiele różnych chorób jelit. Celem tej obserwacji było przyjrzenie się różnorodności serotypów *E. coli* w różnych źródłach, takich jak owoce morza, woda kliniczna i estuaryjna, w celu określenia częstości występowania klasy chorobotwórczej serotypów. Wszystkie biochemicznie potwierdzone *E. coli* zostały ponownie potwierdzone przez reakcję łańcuchową polimerazy genu *uidA*. Bej *et al.*, (1991) zasugerowali, że metoda oparta na PCR dla genu *uidA* jest bardziej czuła w wykrywaniu izolatów *E. coli* z próbek wody. Gen *moidowy* został wykryty we wszystkich izolatach *E. coli.*

Konwencjonalne metody określania serotypu antygenów somatycznych i flagellarowych *E. coli* są nadal ważną techniką w wielu laboratoriach diagnostycznych i kontrolnych. Ponadto antygeny serologiczne nie są bezpośrednio zaangażowane w zjadliwość, ale mogą dostarczyć ważnych informacji na temat krążących serotypów w społecznościach i w ogniskach (Nataro i Kaper, 1998).

Przejście E. *coli* z formy gładkiej (S) do szorstkiej (R) jest kolejnym trudnym zjawiskiem w określaniu serotypu *E. coli*. Formy R nie syntetyzują O-antygenu z powodu specyficznych mutacji w genach w obrębie klastra genów *rfb*, który koduje O-antygen. W rezultacie, szczepy R nie mogą być typowane przy użyciu konwencjonalnych metod serologicznych. Nasze wyniki wykazały dużą liczbę szorstkich szczepów w środowisku estuaryjnym. Chociaż wymagane są szczegółowe badania, nasze wyniki pośrednio wskazują na sprzyjający charakter środowiska estuaryjnego dla mutacji prowadzących do pojawienia się szorstkich szczepów. We wcześniejszych badaniach przeprowadzonych w ujściu Cochina przez Chandran *i in.*, (2008) odzyskano 81 szczepów należących do 43 różnych serotypów. Test serologiczny sklasyfikowany jako 4,93% był w ich badaniach nie do zastosowania.

2.6.2 Różnorodność serotypów *E. coli* z ujścia Cochina

W naszych badaniach otrzymano tylko jeden izolat O157 (0,44%) ze stacji 2 (Bolgatty). Kiedy analiza rozkładu geograficznego *E. coli* O157 została przeprowadzona przez Sehgal *et al.*, (2008), zaobserwowano, że jest on szeroko rozpowszechniony we wszystkich częściach Indii, wykazując szerokie rozpowszechnienie tego szczepu w prawie wszystkich regionach kraju, a 1,1% izolatów O157 pochodziło z Kerali. W naszych badaniach 1,34% izolatów *E. coli* było z serotypem O103, a te zostały uzyskane ze stacji 5 (Barmouth). Dwa niedawne ogniska spowodowane przez *E. coli* wystąpiły z serotypami, o których nie wiedziano wcześniej, że powodują ogniska na dużą skalę O103:H25 (Sekse *i in.*, 2009; Schimmer *i in.*, 2008) oraz O104:H4 (Scheutz *i in.*, 2011). Te dwa ogniska spowodowały poważne obciążenie publicznego systemu opieki zdrowotnej, a epidemia O104:H4 była jedną z największych na świecie epidemii *E. coli* przenoszonych przez żywność w historii. Ponieważ liczba serotypów STEC jest wysoka, zawsze istnieje możliwość wybuchu jakiegokolwiek serotypu *E. coli* o dowolnym serotypie lub patotypie.

W naszych badaniach uzyskano tylko jeden izolat O113 (0,44%), który pochodził ze stacji 4 (Thevara). Wykazano, że szczepy STEC należące do serotypu O113:H21 są odpowiedzialne za przypadki HUS (Nataro i Kaper, 1998). Contreras *i in.*, (2011) wyizolowali od dzieci *E. coli* wytwarzające toksyny Shiga i zgłosili, że najczęstszymi grupami serologicznymi były O26, O111 i O145. Beutin *i in.*, (2004) podali, że niektóre szczepy STEC należące do grup serologicznych O26, O103, O111, O145 i O157 były częściej izolowane od ludzi z ciężkimi chorobami, takimi jak krwotoczne zapalenie okrężnicy i HUS. Szczepy *E. coli* należące do serotypów O157:[H7], O145:[H28], O111:[H8], O103:H2, oraz O26:[H11] są uznanymi klasycznymi typami EHEC, które występują w różnych krajach na całym świecie.

Wykazano, że serogrupy inne niż O157, najczęściej O26, O55, O103, O111 i O145, powodują biegunkę u ludzi (Tozzi *i in.*, 2003). Odsetek zachorowań na O55 wynosił w naszym badaniu 0,89% i ten serotyp był izolowany tylko ze stacji 1 (Chitoor). W naszym wyniku 0,89% izolatów z estuarium było serotypem O91 i pochodziło ze stacji 1 (Chitoor). Serotypy takie jak O148, O149 otrzymano z ujścia Cochina z odsetkiem zachorowań wynoszącym odpowiednio 0,44% i 1,34%. Serotyp O149 został uzyskany z Off Marine Science Jetty i Barmouth. Natomiast serotyp O148, został uzyskany tylko ze stacji 3. W naszych badaniach serotyp O2 uzyskano wyłącznie ze stacji 2 (Bolgatty). Ramteke i Tewari (2007) przeanalizowali grupy serologiczne *E. coli* w wodzie pitnej z Indii i stwierdzili, że 78,9% z nich to serotypy patogenne, z czego 26,3% to serotypy patogenne. Patogenne grupy serologiczne wykryte w ich badaniach to O4, O25, O86, O103, O157,

O8 i 0113. W naszych badaniach wyizolowaliśmy również powyższe serotypy z ujścia Cochina z wyjątkiem O86.

Antygeny *E. coli* O4 i/lub H5 są również związane z chorobami jelitowymi. W naszych badaniach 3,13% izolatów z estuarium było serotypem O4 i pochodziło ze stacji 2 (Bolgatty), a 5 (Barmouth). Shiga produkująca toksyny *E. coli* (STEC) O4:H-negative (Tzipori *i wsp.*, 1988, O4:H5 (Gunzburg *i wsp.*, 1998), O4:H10 (Willshaw *i wsp.*, 1992), O2:H5 (Bockemuhl *i wsp.*, 1992), oraz O75:H5 (Bockemuhl *i wsp.*, 1992), 1992) szczepy wywołały krwotoczne zapalenie jelita grubego i zespół hemolityczno-mocznicowy, natomiast nie-STEC O4 i enteroagregacyjne O4 wywołały ogniska biegunki u dzieci (Cobeljic *i in.*, 1996; Colonna *i in.*, 1992).

W naszych wynikach klasyczne EPEC zawierało 15 szczepów należących do serotypów O13, O21, O34, O37, O64, O10 i O9. Carneiro *et al.*, (2006) wyizolowali pięćdziesiąt sześć szczepów *E. coli* z pasteryzowanego mleka i grup serologicznych jako EPEC. Szczepy zostały rozmieszczone w 7 grupach serologicznych EPEC (O26, O55, O111, O114, O125, O127, O128, O158). Jenkins *et al.*, (2006) podali, że szczepy EPEC wykazywały szeroki zakres typów O:H, przy czym najczęściej wykrywane były O70:H11 i O111:H-. Niektóre serogrupy O, takie jak O2, O33, O71, O103, O111, O114 i O129, były związane z więcej niż jednym typem H. W badaniu Blanco *i in.*, (2006a), atypowe szczepy EPEC należały do 65 serotypów O:H, w tym 43 nowe serotypy nie opisane wcześniej wśród ludzkich EPEC.

Rodriguez-Siek *i wsp.*, (2005) podali, że zarówno izolaty UPEC, jak i APEC zidentyfikowane jako O1, O2, O4, O6, O8, O11, O15, O18, O19, O21, O23, O25, O36, O75, O77, O82, O83, O86, O109, O112 i O117. Ponad 2% i 1% izolatów *E. coli* należało odpowiednio do serotypu O1 i O59.

Serotypy takie jak O2 i O18 reprezentowane były przez 0,44% izolatów estuarynowych. Fathollahi *i wsp.* , (2009) zbadali serotypy UPEC i zgłosili, że 66,14% było serotypami O-serogroupable i należało do grup O1, O6, O15, O18 i O20, podczas gdy 33,86% było O-non typeable. Około 4% izolatów *E. coli* z estuarium należało do serotypu O75. Szczepy Serogroup O75 są jedną z najczęstszych przyczyn infekcji pozajelitowych (Devine *i in.*, 1989; Orskov i Orskov, 1975).

2.6.2.1 Rozmieszczenie przestrzenne serotypów *E. coli* w ujściu rzeki Cochin

Zróżnicowanie przestrzenne w rozmieszczeniu serotypów E. coli ujawniło, obecność bardziej patogennych serotypów *E. coli* na stacjach 2 i 3, które znajdują się w pobliżu Cochin City. Dwadzieścia cztery różne serotypy zostały uzyskane z Bolgatty i 16 serotypów z Off Marine Science Jetty. Eksplozja populacyjna i industrializacja w Cochinie i okolicach przyczyniła się do odpływu ogromnej ilości ścieków do ujścia, co mogło spowodować presję selekcyjną na zróżnicowanie serotypów i mutację genów w obrębie klastra genów *rfb*. Zanieczyszczenie w ujściu rzeki Cochin, która jest uważana za siedlisko wielu gatunków ryb morskich i estuaryjnych oraz skorupiaków, stanowi tym samym poważne zagrożenie dla zdrowia publicznego.

2.6.2.2 Czasowe rozmieszczenie serotypów *E. coli* w ujściu Cochina

Częstość występowania serotypów *E. coli* wykazywała zmienność w różnych porach roku. Stwierdzono, że wszystkie stacje wykazywały wysoką chorobowość w okresie przed- i popołupkowym, ale stosunkowo niskie zróżnicowanie w sezonie monsunowym. Stacja 2, Bolgatty dawała bardziej zróżnicowane serotypy w okresie przedpołudniowym, natomiast stacja 3 (Off Marine Science Jetty) wykazywała więcej serotypów w okresie popołudniowym. Względna częstotliwość występowania bakterii ze źródeł ludzkich wzrosła po skumulowanych opadach deszczu i ekstremalnych spływach, co może powodować konkurencję w obrębie różnych klas bakterii.

Podsumowując, chcielibyśmy podkreślić, że różnorodność serotypów *E. coli* w ujściu rzeki Cochin znacznie wzrosła w porównaniu z naszymi poprzednimi badaniami (Chandran *i in.*, 2008), co może wynikać z napływu na dużą skalę odpadów organicznych do ujścia z miasteczek satelitarnych wzdłuż brzegów ujścia rzeki Cochin. Być może warto również, aby laboratoria kliniczne tego miejsca dokonały dalszej charakterystyki serotypów *E. coli* wyizolowanych od pacjentów cierpiących na biegunkę, tak aby uzyskać jasny obraz pojawienia się patogennych szczepów *E. coli na* badanym obszarze.

Rozdział 3

Analiza filogenetyczna izolatów *Escherichia coli* z ujścia Cochina

3.1 Wprowadzenie

E. coli jest szeroko rozpowszechniona w środowisku i jest składnikiem mikrobioty jelitowej większości zwierząt z ciepłą krwią, w tym ludzi. *E. coli* jest również główną przyczyną zakażeń pozajelitowych u ludzi, będąc głównym czynnikiem infekcji dróg moczowych i jednym z najczęstszych czynników bakteriemii (Russo i Johnson, 2000). Szczepy *E. coli* są zwykle określane jako komensalne, jelitowe patogeniczne lub pozajelitowe (Russo i Johnson, 2000). Szczepy patogenne były związane z kilkoma chorobami, w tym biegunką, zakażeniami dróg moczowych i zapaleniem opon mózgowych (Russo i Johnson, 2003). W krajach rozwijających się choroby biegunkowe są często związane ze śmiercią niemowląt i dzieci (Sobel *i in.*, 2004).

Wśród patotypów *E. coli* odpowiedzialnych za zakażenia pozajelitowe znajdują się UPEC (uropatogenna *E. coli*) i MNEC (meningitis-assocjated *E. coli*). Jelita patogenne *E. coli* należą do tych patotypów: ETEC (enterotoksyczne *E. coli*), EPEC (enteropatogeniczne *E. coli*), EIEC (enteroinwazyjne E. *coli*), EHEC (enterohemorrhagiczne E. *coli*), EAEC (enteroagregacyjne *E. coli*) i DAEC (rozlane *E. coli*). Patotypy te były związane z przypadkami łagodnej i ciężkiej biegunki u dorosłych i dzieci, głównie w krajach rozwijających się (Kaper *i in.*, 2004).

3.2 Przegląd literatury

3.2.1 Analiza filogenetyczna

Clermont *i inni*.., (2000) opracował metodę multipleksową opartą na technice PCR, która umożliwia przypisanie szczepów *E. coli* do grupy filogrupy przy użyciu metody klucza dychotomicznego opartej na obecności lub braku dwóch genów (*chuA* i *yjaA*) oraz anonimowego fragmentu DNA (TSPE4.C2). *chuA, gen* wymagany do transportu hemu w enterohemorrhagicznym O157:H7 *E. coli*, *yjaA*, gen pierwotnie zidentyfikowany w ostatniej kompletnej sekwencji genomu *E. coli* K-12, którego funkcja jest nieznana, oraz anonimowy fragment DNA oznaczony TSPE4.C2 z biblioteki substrakcyjnej.

W celu zwiększenia siły dyskryminacyjnej analiz populacji *E. coli* zaproponowano wykorzystanie podgrup A0, A1, B1, B2, B3, D1 i D2, które są określane przez połączenie markerów genetycznych (Escobar-Paramo *i in*., 2006). Niektórzy autorzy analizowali rozkład głównych grup filogenetycznych wśród szczepów *E. coli* izolowanych z kału ludzkiego i zwierzęcego. Ostatnio Doumith *i wsp*., (2012) zatwierdził zaktualizowaną wersję wcześniej opisanej metody multipleksowania (Clermont *i wsp*., 2000) dla filogrupy *E. coli*. W teście wykorzystano nowe podkłady zaprojektowane tak, aby uwzględnić zmiany sekwencji w trzech docelowych markerach, zwiększając w ten sposób czułość i niezawodność metody oraz osiągając lepszą zgodność z danymi MLST.

3.2.2 Grupy filogenetyczne *E. coli*

Szczepy *E. coli* można podzielić na cztery główne grupy filogenetyczne: A, B1, B2 i D (Herzer *i in*., 1990; Selander *i in*., 1987). Grupy A i B1 często obejmują szczepy komensalne (Johnson *i in*., 2001) oraz grupę B2, a w mniejszym stopniu grupę D, zwykle przypisują do nich pozajelitowe szczepy chorobotwórcze (Johnson i Stell, 2000; Picard *i in*.,

1999). Grupy A i B1 są uważane za grupy siostrzane, a grupa B2 jest uważana przez niektórych za reprezentującą "linię przodków" *E. coli* (Lecointre *et al.*, 1998). Rozmiar genomu różni się w zależności od czterech filogrup ze szczepami A i B1 posiadającymi mniejsze genomy niż szczepy B2 lub D. Jelitowe szczepy chorobotwórcze są zwykle przypisane do grup A, B1 i D. Szczepy z tych czterech grup różnią się między sobą cechami fenotypowymi, w tym zdolnością do wykorzystania różnych cukrów, profilem oporności na antybiotyki oraz relacjami między stopniem wzrostu a temperaturą (Gordon, 2004).

3.2.2.1 Grupa filogenetyczna B2 i D (grupy patogenetyczne)

Szczepy *E. coli* grupy B2 są doskonałym modelem do badania ewolucji wirulencji w patogenach fakultatywnych. Z jednej strony, szczepy z grupy B2 są odpowiedzialne za wiele zakażeń pozajelitowych i dlatego stanowią poważne zagrożenie dla zdrowia publicznego (Duriez *i in.*, 2001), podczas gdy z drugiej strony, szczepy z grupy B2 mogą być szczepami najczęściej izolowanymi z kału ludzi bezobjawowych (Escobar-Paramo *i in.*, 2006). Ponadto wydaje się, że w krajach uprzemysłowionych przewaga szczepów B2 izolowanych w ludzkich odchodach znacznie wzrosła w ciągu ostatnich 2 dekad (Nowrouzian *i in.*, 2006; Escobar-Paramo *i in.*, 2004b). Inne badania wykazały, że szczepy B2 i D są zazwyczaj bardziej patogeniczne niż szczepy A i B1 (Picard *i in.*, 1999; Bingen *i in.*, 1998).

Boyd and Hartl, (1998) donieśli, że wśród szczepó w *E. coli z grupy* referencyjnej *E. coli* i biegunkowych kolekcji *E. coli,* szczepy z grupy filogenetycznej B2 mają największą liczbę czynników zjadliwości, a następnie te z grupy D. E. *coli* należące do grupy filogenetycznej B2 dominują u niemowląt z noworodkowym bakteryjnym zapaleniem opon mózgowych (Johnson *i in.*, 2002c) oraz wśród izolatów z dróg moczowych i odbytu. Ponadto, Nowrouzian *i wsp.*, (2005) oraz Moreno *i wsp.*, (2005) poinformowali, że szczepy należące do filogenetycznej grupy B2 utrzymują się wśród mikroflory jelitowej niemowląt i są bardziej prawdopodobne, że będą powodować objawy kliniczne. *E.* izolaty *coli* odzyskane z miejsc pozajelitowych są bardziej prawdopodobne, że są to szczepy B2 lub D niż szczepy A lub B1 (Gordon, 2004). Większość szczepów izolowanych z miejsc pozajelitowych należy do grupy B2 i w mniejszym stopniu do grupy D (Picard *i in.*, 1999).

3.2.2.2 Grupa filogenetyczna A i B1 (grupy nie patogenetyczne)

Wśród pochodzenia ludzkiego *E. coli* izolaty filogrup A i B1 czasami wywołują zakażenia pozajelitowe, ale zazwyczaj zawierają mniej genów wirulencji niż szczepy B2 lub D i mają niską zdolność do zjadania (Picard *i in.*, 1999). Escobar-paramo *i in.*, (2006) zaobserwowali występowanie grupy B1 u ptaków, A i B1 u ssaków innych niż człowiek oraz A i B2 u ludzi. Liczne opublikowane dotychczas badania wykazały, że większość szczepów *E. coli* wytwarzających toksyny Shiga należy do grupy filogenetycznej B1 (Girardeau *i in.*, 2005; Escobar-Paramo *i in.*, 2004a).

3.2. 3Dystrybucja grupy filogenetycznej wśród izolatów *E. coli* ze źródeł środowiskowych

Sabate *i wsp.*, (2008) stwierdzili, że w ściekac h ludzkich i zwierzęcych dominowały *E. coli* A, B1 i D, a szczepy obu pochodzenia wykazywały podobny profil zjadliwości w każdej grupie filogrupowej. Walk *et al.*, (2007) wykazali, że większość szczepów *E. coli*, które są w stanie przetrwać w środowisku, należy do grupy filogenetycznej B1. Hamelin *et al.*, (2007) badali rozkład grup filogenetycznych w izolatach *E. coli* z różnych systemów wodnych i stwierdzili, że udział procentowy izolatów *E. coli* w każdej grupie filogenetycznej był inny w zależności od lokalizacji. Orsi *i wsp.*, (2007) zaobserwowali istotny związek pomiędzy grupami filogenetycznymi a wodą źródlaną, gdzie szczepy z grup B2 i D były bardziej powszechne niż szczepy z grup A i B1.

3.2.4 Rozprzestrzenianie się genów wirulencji wśród różnych grup filogenetycznych *E. coli*

Girardeau *i wsp*., (2005) podali, że grupa filogenetyczna A wykazywała znacznie wyższą częstość występowania różnych analizowanych czynników zjadliwości (szczególnie *astA*, HPI, *stx1c* i *stx2-NV206*). Bingen *et al*., (1998) stwierdzili, że większość izolatów należała do grup filogenetycznych B2 i D oraz do utajonego allelu II *papG* oraz genów *aer* i *fyuA/irp-2*. Badania filogenetyczne wykazały, że szczepy STEC/EHEC należą głównie do grup filogenetycznych A, B1 i D (Girardeau *i in*., 2005; Escobar-Paramo *i in*., 2004a). Obowiązkowe patogeny odpowiedzialne za ostrą i ciężką biegunkę (EHEC, ETEC i enteroinwazyjna *E. coli*) również w grupach A i B1. Contreras *i in*., (2011) podali, że większość szczepów STEC należała do grupy filogenetycznej B1, a następnie D, A i B2. Contreras *i wsp*., (2011) podali również, że wśród szczepów biegunkowych izolaty należały do grupy B1 grupa D.

Czynniki wirulencyjne, takie jak P pili (*pff*), S fimbrialna adhezyna (*sfa*), zrosty z rodziny Dr (*drb*), aerobaktyna (*aer*), grupa II kapsułka (*kpsMT*), błona zewnętrzna T (*ompT*), cytotoksyczny czynnik martwiczy 1 (*cnf1*) i hemolizyna (*hly*) były silnie związane ze szczepami grupy B2 i D (Zhang *et al*, 2002a). Unno *i in*., (2009) podali, że wśród badanych szczepów geny wirulencji stwierdzono głównie u szczepów filogenetycznych z grupy B1 wyizolowanych z wołowiny.

3.2. 5Dystrybucja grupy filogenetycznej i oporność na antybiotyki

Niektórzy autorzy (Holzel *i in*., 2012; Walk *i in*., 2007) opisali związki między grupami filogenetycznymi a obecnością integronów, jednak nie zostały one wykryte w innych badaniach (Koczura *i in*., 2012; Skurnik *i in*.,

2005). Boczek *i wsp*., (2007) badali występowanie UPEC w ściekach i stwierdzili, że izolaty odporne na działanie sulfonamidów były w przybliżeniu równomiernie rozmieszczone w czterech grupach filogenetycznych.

Sabate *i in*., (2008) poinformowali, że wśród szczepów z grupy A oporność na chinolon i fluorochinolon często występowała u szczepów ze ścieków z kurcząt i świń. Natomiast wśród izolatów z grupy B1 *E. coli* oporność na chinolon i fluorochinolon była podobna u szczepów z kurcząt i ścieków ludzkich. Sabate *i in*., (2008) podali również, że większość szczepów z ESBL (beta-laktamaza o rozszerzonym spektrum działania) wytwarzana była z grup filogenetycznych A i B1 i pochodziła z kurczaków.

Bukh *i in*., (2009) podali, że grupy A i D były związane z opornością na antybiotyki, w tym ampicylinę, sulfonamid, trimetoprim, gentamycynę i chinolony. Kilku pracowników zgłosiło, że grupa filogenetyczna D miała najwyższą częstość występowania oporności na antybiotyki (Corvec *i in*., 2007; Sannes *i in*., 2004). Giufre *i wsp*., (2012) zaobserwowali związek z opornością na cyprofloksacynę i izolaty grupy A wśród izolatów ludzkich. Lee *i wsp*., (2010) poinformowali, że dystrybucja izolatów *E. coli* do grup filogenetycznych nie różni się istotnie między dwiema populacjami (izolaty wytwarzające CTX-M i izolaty nie wytwarzające ESBL) *E. coli*. Machad o *et al*., (2005) donieśli, że kliniczne izolaty *E. coli* ESBL odpowiadały głównie grupie D, podczas gdy większość klinicznych izolatów ESBL nie należących do grupy B2, a większość komensalnych izolatów nie należących do ESBL należała do grupy A.

3.3 Cele

Aby poznać grupy filogenetyczne izolatów *E. coli* z ujścia Cochina

3.4 Materiały i metody

W niniejszych badaniach łącznie 300 izolatów *E. coli* pochodzenia estuarynowego, 100 *E. coli* pochodzenia klinicznego i 100 *E. coli* pochodzenia morskiego zostało pogrupowanych w różne grupy filogenetyczne za pomocą tripleksowego PCR.

3.4.1 Izolacja DNA od *E. coli*

DNA z genomu bakteryjnego zostało pobrane w sposób opisany w punkcie 2.4.6.1.

3.4.2 Analiza filogenetyczna

Grupę filogenetyczną oznaczono metodą tripleksowego PCR (Clermont *i in.*, 2000). Zastosowano spłonki ChuA.1 (5'-GACGAACCAACGGTCAGGAT-3') i ChuA.2 (5'-TGCCGCCAGTACC AAAGACA-3'), YjaA.1 (5'-TGAAGTGTCAGAGACGCTG-3') i YjaA.2. (5'-ATGGAGAATGCGTCCTCAAC-3') oraz TspE4C2.1 (5'-GAGTAATGTC GGGGCATTCA-3') i TspE4C2.2 (5'-CGCGCCAACAAGTATTACG-3'). Ten PCR opiera się na amplifikacji dwóch genów (*chuA* i *yjaA*) oraz jednego fragmentu genomowego (TSPE4.C2). Zoptymalizowany protokół został przeprowadzony z użyciem mieszaniny PCR 20 μl zawierającej 1,5 mM MgCl2, 2,5 μl buforu Taq (Tris (pH 9,0) w temperaturze 25 °C, KCl i Triton X-100), 2 mM każdy z mieszaniny dNTP, 20 pmol każdy z primerów, 2,5 U polimerazy Taq (GeNeiTM, Indie) i 1 μl wzorca DNA. Wzmocnienie składało się z następujących etapów: wstępna denaturacja w temp. 94 °C przez 5 minut, następnie 30 cykli denaturacji (30 s w temp. 94 °C), wyżarzanie (30 s w temp. 55 °C) i wydłużanie (30 s w temp. 72 °C) oraz końcowy etap wydłużania 7 minut w temp. 72 °C. Produkty PCR były następnie poddawane elektroforezie na 1,5% żelu agarozowym (Hi-Media, Indie), barwione bromkiem etydyny (GeNeiTM, Indie) i wizualizowane przez Gel Documentation System (BioRad Gel DocTM EZ Imager, USA). Dane z trzech amplikonów spowodowały, że szczepy zostały przypisane do grup filogenetycznych w następujący sposób: ChuA+, yjaA+/ChuA+,YjaA+, TspE4.C2+, grupa B2; ChuA+, yjaA$^{-/ChuA+}$, TspE4.C2+, grupa D; ChuA-, TspE4.C2+/YjaA+, TspE4.C2+, grupa B1; ChuA-, TspE4.C2-/ ChuA-, YjaA+, TspE4.C2-, grupa A (rysunek 3.1).

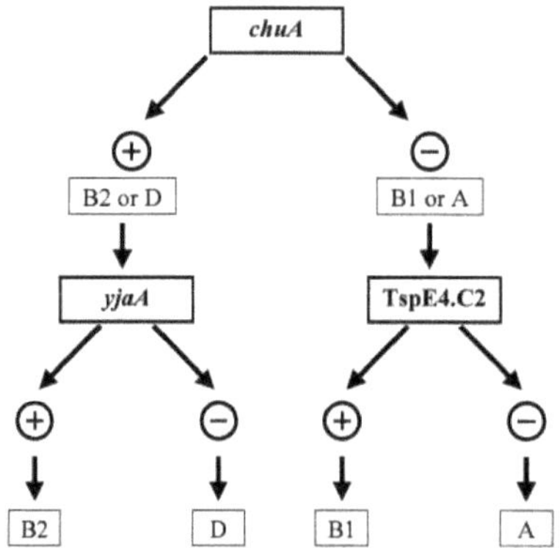

Rysunek 3.1 Drzewo decyzyjne dychotomiczne zaproponowane przez Clermont *i in.*, (2000)

3.4.3 Analiza statystyczna

Analiza statystyczna wyników tego badania została przeprowadzona za pomocą SPSS (Pakietu Statystycznego dla Nauk Społecznych). Jednodrożna analiza wariancji (ANOVA, Gams-Howell) została zastosowana do badania różnic w rozkładzie grup filogenetycznych pomiędzy różnymi stacjami i różnymi źródłami. Poziom istotności został ustawiony na $\alpha = 0,05$.

3.5 Wyniki

3.5. 1Dystrybucja grup filogenetycznych izolatów *E. coli* z ujścia Cochina

W sumie wyizolowano 300 szczepów *E. coli* z ujścia Cochina. Połączenie otrzymanych produktów PCR (279, 211 i 152 bp) pozwoliło na przypisanie izolatów *E. coli* do jednej z czterech głównych grup filogenetycznych, takich jak A, B1, B2 i D (rysunek 3.2). Analiza Triplex PCR izolatów *E. coli* (n = 300) wykazała, że 35,66% izolatów należało do grupy filogenetycznej A, następnie do grupy B2 (25,66%), B1 (23%) i D (15,66%) (rysunek 3.3).

Rysunek 3.2 Obraz żelowy produktów końcowych triplexu PCR przedstawiający wykrywani e grup filogenetycznych *E. coli.*
Pas M, 100 bp Znacznik; pasy 1 i 2, grupa B2; pasy 3 i 4, grupa D; pas 5, grupa A; pas 6, grupa B1

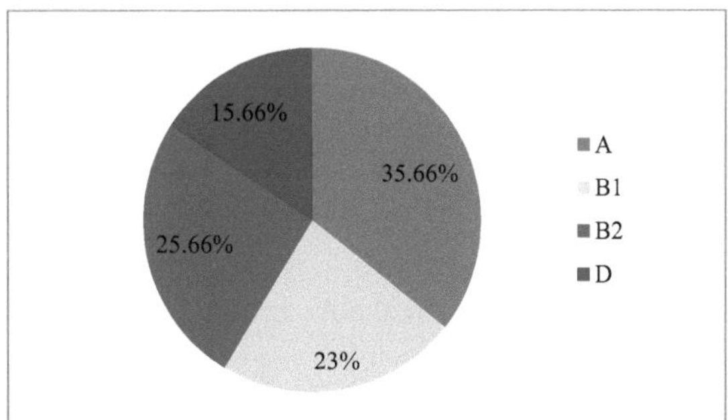

Rysunek 3.3 Ogólny rozkład różnych grup filogenetycznych wśród izolatów *E. coli* (n = 300) z ujścia Cochina

3.5.1.1 Rozkład grup filogenetycznych izolatów *E. coli* z różnych stacji ustawionych przy ujściu Cochina

Na rysunku 3.4. przedstawiono procentowy rozkład grup filogenetycznych wśród szczepów *E. coli* z różnych stacji położonych wzdłuż ujścia Cochina. Spośród 47 izolatów ze stacji 1 (Chitoor), 19 (40,43%) należało do grupy B1, 17 (36,17%) do grupy A, 8 (17,02%) do grupy D i 3 (6,38%) do grupy B2.

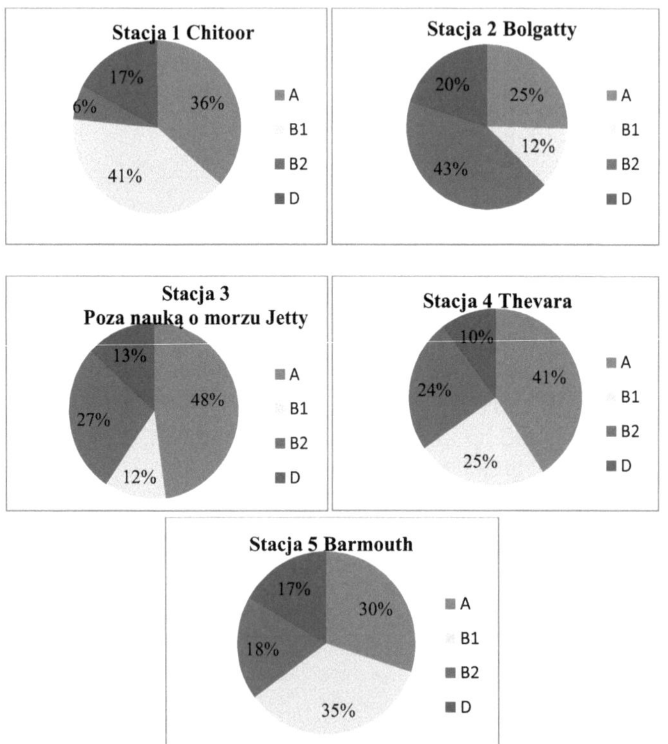

Rys. 3.4 Rozkład filogenetyczny izolatów *E. coli* z różnych stacji w ujściu Cochina

Analiza filogenetyczna wykazała, że w stacji 2 (Bolgatty) dominowały izolaty grupy B2 *E. coli, z przewagą* 42,66%, następnie grupy A (25,33%), grupy D (20%) i grupy B1 (12%). W stacji 3 (pirs Off Marine Science)

47,83% izolatów należało do grupy filogenetycznej A, następnie do grupy B2 (27,54%), D (13,04%) i B1 (11,59%). Spośród 49 szczepów wyizolowanych w stacji 4 (Thevara), większość izolatów *E. coli należała* do grupy filogenetycznej A (20 szczepów, 40,81%), następnie do grupy B2, B1 (po 12 szczepów, 24,48%) i D (5 szczepów, 10,2%). W stacji 5 (Barmouth) 35% izolatów należało do grupy filogenetycznej B1, następnie do grupy A (30%), B2 (18,33%) i D (16,66%).

3.5.1.2Relatywny rozkład różnych grup filogenetycznych izolatów *E. coli* pomiędzy różnymi stacjami ustawionymi przy ujściu Cochina

Stwierdzono istotną różnicę w rozkładzie różnych grup filogenetycznych pomiędzy poszczególnymi stacjami (ANOVA, p = 0,049). Analiza Gams-Howella wykazała, że rozkład grupy filogenetycznej A był istotnie wyższy niż grupy filogenetycznej D pomiędzy różnymi stacjami (p = 0,015).

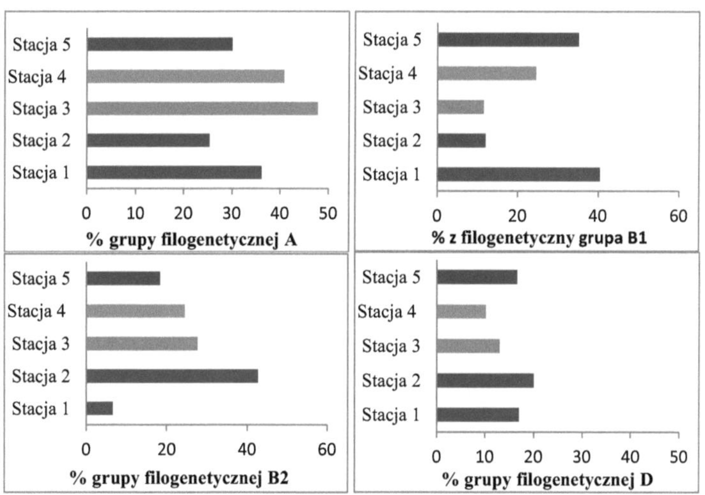

Rysunek 3.5 Procentowy rozkład każdej grupy filogenetycznej (A, B1, B2, D) w różnych stacjach przy ujściu Cochina.

Izolaty *E. coli* należące do grupy filogenetycznej A izolowano głównie ze stacji 3 (Off Marine Science Jetty), następnie ze stacji 4

(Thevara), stacji 1 (Chittor), 5 (Barmouth) i 2 (Bolgatty). Izolaty *E. coli* należące do grupy filogenetycznej B1 izolowano głównie w stacji 1 (Chittor), następnie w stacji 5 (Barmouth) i stacji 4 (Thevara). Stacje 2 i 3 wykazały podobny rozkład dla izolatów filogenetycznych grupy B1. W stacji 2 (Bolgatty) uzyskano więcej izolatów grupy filogenetycznej B2 w porównaniu z innymi stacjami. Podczas gdy stacje 3 (Off Marine Science Jetty), 4 (Thevara) i 5 (Barmouth) wykazały umiarkowane rozmieszczenie izolatów grupy B2. Rzadziej otrzymywano izolaty grupy B2 ze stacji 1 (Chitoor). Od 20% do 10% grupy filogenetycznej D izolowano z różnych stacji. Stacja 2 (Bolgatty) dała więcej izolatów grupy D niż stacje 4 (Thevara), 1 (Chitoor) i 3 (Off Marine Science Jetty). Izolaty grupy D były rzadziej otrzymywane ze stacji 4 (Thevara) (rysunek 3.5).

3.6 Dyskusja

3.6.1 Rozprzestrzenianie się różnych grup filogenetycznych izolatów *E. coli* z ujścia Cochina

E. coli powoduje wiele różnych chorób, w tym biegunkę, zespół hemolityczno-mocznicowy i krwotoczne zapalenie okrężnicy. Obecność *E. coli* w wodzie wskazuje na skażenie kałem i stanowi ryzyko choroby (Leclerc *i in.*, 2001).

Po uwzględnieniu szczepó w *E. coli* wyizolowanych ze wszystkich stacji, najczęściej występowały szczepy z grupy A i B2 (odpowiednio 35,66% i 25,66%), a następnie szczepy B1 i D (odpowiednio 23% i 15,66%). Dystrybucja izolatów filogenetycznych grupy A *E. coli* w naszych badaniach wykazała dobrą zgodność z wynikami osób, które badały dystrybucję w wodzie studniowej (Orsi *i in.*, 2007). W przeciwieństwie do naszych badań, wyższą chorobowość grupy A odnotowano w dwóch rzekach w Brazylii (Orsi *i in.*, 2008); w zanieczyszczonych wodach miejskich (Higgins *i in.*,

2007) oraz w wodach mineralnych (Orsi *i in*., 2007). Podczas gdy Higgins *i in*., (2007) oraz Hamelin *i in*., (2007) zgłaszali niską częstotliwość występowania izolatów grupy A w zbiornikach słodkiej wody w porównaniu z naszymi wynikami. Walk *et al*., (2007) odnotowali również niską częstość występowania izolatów grupy A na plażach słodkowodnych, która była również niższa od naszych wyników.

Fifteen percentages of the *E. coli* isolates from the Cochin estuary belong to phylogenetic group D. Similar levels of occurrence of phylogenetic groups was reported from different environments (Orsi *et al*., 2008; Higgins *et al., 2007;* Orsi *et al*., 2007; Walk *et al*., 2007). Rozmieszczenie grupy B1 estuaryjnych izolatów *E. coli* dla naszych badań wykazało dobrą zgodność z innymi badaniami w wodzie źródlanej i mineralnej (Orsi *i in*., 2007), rzecznej (Orsi *i in*., 2008) oraz słodkiej (Higgins *i in*., 2007).

Z pięciu stacji położonych przy ujściu Cochina, dwie z nich (stacja 2 i 3) znajdowały się znacznie bliżej ujścia Cochina. Co ciekawe, najwyższy odsetek izolatów *E. coli* (32 szczepy, 42,66%) należących do grupy B2 został wyizolowany ze stacji 2 (Bolgatty). Wyniki sugerują możliwe uwolnienie tych organizmów przez odpady szpitalne z wielu szpitali w Cochin City i okolicach. Ścieki szpitalne są często zanieczyszczone antybiotykami, które nawet w stężeniach poniżej zahamowań mogą sprzyjać selekcji i przetrwaniu opornych szczepów (Kim *i in*., 2007a).

Odsetek szczepów B2 wyizolowanych z ujścia Cochina (23%) był wyższy niż w poprzednich badaniach przeprowadzonych w próbkach wody (Orsi *i in*., 2008; Hamelin *i in., 2007;* Higgins *i in*., 2007; Orsi *i in*., 2007; Walk *i in*., 2007). Duża liczba szczepów należących do grupy B2 stanowi znaczące zagrożenie dla ludzi korzystających z tego naturalnego akwenu do wędkowania i rekreacji. Jeśli chodzi o rozkład filogenetyczny grupy B2 pomiędzy różnymi stacjami, stacje 3, 4 i 5 wykazywały umiarkowaną częstotliwość, z odsetkami wynoszącymi odpowiednio 27,54%, 24,48% i 18,33%. Częstotliwość występowania izolatów B2 w stacji 1 (Chitoor) była niższa (6,38%). Szczepy *E. coli* należące do grupy B2 są wysoce patogenne i często odpowiedzialne za zakażenia pozajelitowe u ludzi (Duriez *i in.*, 2001; Lecointre *i in.*, 1998). Dlatego obecność tych szczepów, zwłaszcza w próbkach wody, zasługuje na uwagę. Szczepy z grupy B2 są zazwyczaj odpowiedzialne za zakażenia pozajelitowe i wykazują kilka czynników zjadliwości, takich jak adhezyny i toksyny (Johnson i Stell, 2000; Picard *i in.*, 1999). Szczepy te mogą powodować zapalenie opon mózgowych, infekcje wewnątrzbrzuszne i zapalenie płuc (Russo i Johnson, 2003). Sabate *i in.*, (2008) donieśli, że *E. coli* filogenetyczna grupa B2 jest często spotykana wśród próbek ścieków ludzkich, prawdopodobnie dlatego, że ta grupa patogenetyczna jest lepiej przystosowana do ludzkiego niż zwierzęcego jelita.

Rozkład grup filogenetycznych *E. coli był zróżnicowany* pomiędzy pięcioma stacjami. *E. coli należały* do grupy D, były umiarkowanie rozmieszczone w stacjach 1, 2 i 3, z odsetkami wynoszącymi odpowiednio 17,02%, 20% i 13,04%. Podobnie częstość występowania izolatów D w stacji 4 i 5 była niższa i wynosiła odpowiednio 16,66% i 10,2%. Do grupy filogenetycznej D należą szczepy patogenetyczne, takie jak O157:H7, które są wysoce zjadliwe i mogą powodować biegunkę, zespół hemolityczno-mocznicowy i krwotoczne zapalenie okrężnicy. Chociaż nie możemy powiedzieć z pełną pewnością, że najbardziej prawdopodobnym źródłem filogenetycznych izolatów grupy D *E. coli* mogą być tusze kurczaków z punktów sprzedaży detalicznej oraz ścieki z pobliskich rynków, które często odprowadzane są do pobliskich zbiorników wodnych.

Co ciekawe, najwyższy odsetek izolatów *E. coli* należących do grupy A został wyizolowany ze stacji 3 (Off Marine Science Jetty) i 4 (Thevara), natomiast w stacjach 1, 2 i 5 wykryto umiarkowany odsetek izolatów. Grupy filogenetyczne A i B1 zwykle obejmują komensalne szczepy *E. coli* (Duriez *i in.*, 2001). Patogeniczne szczepy jelitowe *E. coli* stwierdzono w grupach A, B1 i D (Russo i Johnson, 2000; Picard *i in.*, 1999).

Od 35-40% *E. coli* wyizolowanych ze stacji 1 (Chitoor) do 5 (Barmouth) należało do grupy filogenetycznej B1. Najmniejszy odsetek grupy B1 wykryto w stacjach 2 i 3, odpowiednio 12% i 11,9%. Carlos *i wsp.*, (2010) zgłosili, że szczepy *E. coli* z grupy filogenetycznej B1 były obecne u wszystkich analizowanych żywicieli (ludzi, kurcząt, krów, kóz, świń i owiec), ale były bardziej rozpowszechnione w próbach z krów, kóz i owiec. W badaniu przeprowadzonym przez Walk *et al.*, (2007) wykazano, że *E. coli* wyizolowana z plaż słodkowodnych była zdominowana przez grupę filogenetyczną B1 (56%), następnie przez grupę A (23%), grupę D (15%) i B2 (6%). Girardeau *i wsp.*, (2005) przeanalizowali tło filogenetyczne wytwarzających toksynę Shiga izolatów *E. coli* i zgłosili, że około 70 % szczepów należało do grupy B1. W badaniu przeprowadzonym przez Contreras *i in.*, (2011), wykazano, że szczepy *E. coli* wytwarzające toksyny Shiga należą do grupy filogenetycznej B1 (52%), D (28%), A (17%) i B2 (3%).

Podobnie jak w przypadku naszych obserwacji, gdzie indziej odnotowano przestrzenne zróżnicowanie różnych grup filogenetycznych *E. coli.* Hamelin *et al.*, (2007) użyli niestandardowej mikromacierzy do uzyskania genotypu *E. coli* wyizolowanego z rzek Detroit i St. Clair; rozmieszczenie genotypów różniło się w sześciu miejscach, z których pobrano próbki. Podczas gdy obszar miejski 4 miał reprezentowane wszystkie genotypy, dla obszaru 3, związanego z rolnictwem, dziką przyrodą i mniejszymi gminami, dominowały B1 i D. Dla stanowiska 6, które wybrano ze względu na jego bliskość do kolonii mew morskich, dominowały genotypy A i B1. Higgins *i wsp*., (2007) badali filogenetyczne rozmieszczenie *E. coli* wyizolowanej ze świeżego strumienia, zanieczyszczonego strumienia miejskiego i zbiorników słodkiej wody; rozmieszczenie genotypu różniło się w trzech miejscach objętych próbą. W przypadku strumienia wody słodkiej dominowały grupy B1 i D; grupy A i B2 były równo rozmieszczone. Dla zanieczyszczonego strumienia miejskiego dominowały grupy A i B1; B2 i D były równo rozłożone. Dla akwenów słodkowodnych dominowały grupy D i B2. Orsi *i in*., (2007) badali rozkład grup filogenetycznych *E. coli* wyizolowanych z różnych źródeł, takich jak woda studzienna, woda źródlana, woda mineralna i system dystrybucji, i stwierdzili wysoką częstość występowania izolatów grupy A w wodzie mineralnej, grupy B1 w wodzie studziennej, B2 w systemie dystrybucji i grupy D w wodzie źródlanej.

Stwierdzamy, że wody rekreacyjne w ujściu rzeki Cochin są zanieczyszczone różnymi grupami filogenetycznymi *E. coli*. Co więcej, wysoka częstość występowania różnych grup filogenetycznych *E. coli* w naszych badaniach budzi niepokój, ponieważ szczepy z grup B2 i D są zwykle patogeniczne. Patogen przechodzący przez żywność jest bardzo powszechny, a ryby i skorupiaki, które są siedliskiem tych szczepów, mogą stanowić potencjalne zagrożenie dla zdrowia konsumentów. Ujście rzeki Cochin wspiera dobre połowy skorupiaków i ryb, które są eksploatowane przez lokalnych rybaków jako źródło utrzymania. Niniejsze badanie przyczynia się do zrozumienia rozmieszczenia różnych grup filogenetycznych *E. coli* z ujścia Cochina. Częstość występowania grup B2 i D oraz genów *chuA* i *yjaA* w wodzie może sugerować, że zakażenie kałem przez zwierzęta i ludzi może stanowić wysokie ryzyko wystąpienia pozajelitowej patogenicznej *E. coli*. W ten sposób prawidłowe rozpoznanie tego rodzaju zanieczyszczeń kałowych może być również przydatne do właściwego zarządzania zanieczyszczeniami środowiska. Duża liczba szczepów z grupy A i w mniejszym stopniu z grupy B1 obserwowanych w ujściu rzeki jest również niepokojąca, ponieważ według Escobar-Paramo *i wsp.* (2004b), *E. coli* z grupy A i B1 mogą pojawić się jako szczepy patogeniczne jelit. W sumie nasze dane podkreślają, że zanieczyszczenie wód powierzchniowych fekaliami jest zawsze potencjalnym zagrożeniem dla zdrowia zwierząt i ludzi.

Rozdział 4

Oporność na antybiotyki izolatów *Escherichia coli* z ujścia Cochina

4.1 Wprowadzenie

E. coli, członek rodziny *Enterobacteriaceae*, jest pospolitym mieszkańcem jelita ludzkiego i zwierzęcego. Jest to najczęstsza przyczyna zakażeń szpitalnych i ogólnospołecznych Gram-ujemnych. Oporność na co najmniej dwie klasy antybiotyków w *E. coli* jest obecnie zwykłym znaleziskiem w medycynie ludzkiej i weterynaryjnej i ma coraz większy wpływ na dostępne opcje terapeutyczne. Kliniczne stosowanie antybiotyków, a tym samym skuteczne leczenie zakażeń bakteryjnych, jest w znacznym stopniu zagrożone ze względu na pojawienie się bakterii opornych na wiele klas powszechnie stosowanych antybiotyków. Środki antybiotyczne można znaleźć w ściekach, szczególnie w miejscach, gdzie leki te są szeroko stosowane, takich jak szpitale, zakłady produkcji farmaceutycznej i wokół gospodarstw, w których pasze zwierzęce zawierają te środki. Antybiotyki obecne w tych źródłach, okazały się odgrywać znaczącą rolę w naturalnej selekcji i przetrwaniu opornych szczepów. Szalone rozprzestrzenianie się oporności na antybiotyki wśród populacji bakterii jest coraz większym problemem na całym świecie. Wielolekooporne szczepy bakteryjne są powszechne w izolatach ludzkich i zwierzęcych na całym świecie. Środowisko estuaryjne oferuje środowisko sprzyjające horyzontalnemu transferowi genów, ponieważ szczepy z różnych źródeł docierają tu poprzez spływy gruntowe, dopływy ścieków (częściowo oczyszczonych i nie oczyszczonych) oraz odprowadzanie odpadów z ubojni/hodowli zwierząt.

4.2 Przegląd literatury

4.21 Oporność na antybiotyki wśród izolatów *E. coli* pochodzących ze źródeł środowiskowych

W badaniach wody często wykorzystuje się obecność bakterii z grupy *coli, w* tym *E. coli,* jako wskaźnika zanieczyszczenia. *E. coli* jest szeroko rozpowszechniona u wszystkich zwierząt ciepłokrwistych, w tym u ludzi, zwierząt domowych, zwierząt domowych, dzikich i ptaków i jest przedmiotem zainteresowania w badaniach nad opornością na antybiotyki, ponieważ są one powszechnym nośnikiem genów oporności i są zdolne do przenoszenia tych genów na inne bakterie i gatunki bakterii. Większość gmin w krajach rozwiniętych oczyszcza ścieki pochodzenia ludzkiego w celu zmniejszenia ilości bakterii przed ich wypuszczeniem do okolicznych jezior, rzek i oceanów lub rozprzestrzenianiem na lądzie. Badania wskazują jednak, że oczyszczone ścieki i woda, do której są one wprowadzane, pozostają silnie zanieczyszczone antybiotykami opornymi na *E. coli* pochodzącymi od ludzi (Coleman *i in.*, 2012) i zwierząt (Mariano *i in.*, 2009; Krumperman, 1983). Jednakże w Indiach z powodu presji demograficznej i niewystarczającej infrastruktury do oczyszczania odpadów, nieoczyszczonych lub częściowo oczyszczonych, ścieki i ścieki są bezpośrednio odprowadzane do środowiska wodnego.

Bezkrytyczne stosowanie antybiotyków w medycynie i weterynarii, jak również ich stosowanie jako czynników wspomagających wzrost w hodowli, doprowadziło do zwiększenia ilości pozostałości antybiotyków w środowisku, znajdujących się w ściekach ludzkich i zwierzęcych (Martinez *i in.*, 2008). Antybiotyki, ich metabolity i oporne bakterie są wydalane z moczem i kałem do ścieków, zwłaszcza do ścieków szpitalnych. Nagromadzenie tych pozostałości sprzyja selektywnemu naciskowi, zwiększając selekcję opornych bakterii w tych środowiskach, ponieważ kilka genów kodujących oporność na antybiotyki znajduje się na motylowych elementach genetycznych (Ash *et al*., 2002). Dlatego też ścieki stanowią idealne środowisko dla powstawania nowych patogenicznych i odpornych szczepów bakteryjnych poprzez nabywanie różnych determinantów zjadliwości i odporności.

Ujścia rzek i przybrzeżne zbiorniki wodne, które są głównym źródłem owoców morza w Indiach, są często zanieczyszczone przez działania sąsiednich populacji i częściowo oczyszczone lub nieoczyszczone ścieki z miast są uwalniane do tych zbiorników wodnych. Ryby odławiane z takich obszarów często zawierają ludzkie mikroorganizmy chorobotwórcze. Ponadto sytuację pogarszają złe warunki sanitarne i zanieczyszczenie krzyżowe w ośrodkach wyłądunku i na otwartych targach rybnych (Kumar *i in*., 2005).

Oporność na antybiotyki wśród *E. coli* wyizolowanych z rzek (Korzeniewska *i in., 2013*; Tacao *i in*., 2013; Koczura *i in*., 2012). Wcześniejsze badania wykazały, że izolaty *E. coli* z wody pitnej (Coleman *i in*., 2013; Mataseje *i in*., 2009; Sabate *i in*., 2008) mogą być siedliskiem determinantów oporności na wiele klas antybiotyków. Korzeniewska *i in*., (2013) oraz Reinthaler *i in*., (2010) badali antybiotykooporność *E. coli* wyizolowanej ze ścieków i stwierdzili, że izolaty te były oporne na większość antybiotyków. Koczura *i in*., (2012) oraz Mokracka *i in*., (2012) badali oporność na antybiotyki *E. coli* wyizolowanej z oczyszczalni ścieków i zgłosili, że droga rozprzestrzeniania się wieloopornych bakterii ze społeczności ludzkich do środowiska wodnego może prowadzić przez oczyszczalnie ścieków, które odprowadzają oczyszczone ścieki do zbiornika wodnego.

Mutlidrugodporne *E. coli* zostały zgłoszone z wody estuaryjnej (Chandran *i in.*, 2008; Henriques *i in.*, 2006; Hatha *i in.*, 2005).

4.2.3 Mechanizm odporności na różne klasy antybiotyków

4.2.3.1 antybiotyki β-laktamowe

Wszystkie antybiotyki β-laktamowe są środkami bakteriobójczymi, które hamują syntezę ścian komórkowych. Bakteryjna ściana komórkowa jest złożoną strukturą składającą się ze ściśle usieciowanej siatki peptydoglikanowej, która "gorsetuje" komórkę utrzymując jej kształt mimo wysokiego wewnętrznego ciśnienia osmotycznego. Składnik glikanowy tej sztywnej struktury składa się z naprzemiennych jednostek kwasu *N-acetylomuraminowego* (NAM) i *N-acetyloglukozaminy* (NAG), z których pierwsza ma krótkie peptydowe łodygi przymocowane do niej. Peptydy w sąsiadujących nitkach glikanu są usieciowane, tworząc charakterystyczną strukturę sieciową peptydoglikanu. Transpeptydazy bakteryjne (wykrywane jako białka wiążące penicylinę, PBP) są niezbędnymi enzymami, które katalizują ten etap sieciowania. β-laktamy są sterylnie podobne do przedostatniego D-Ala-D-Ala pentapeptydu, który jest przyłączony do NAM; dlatego PBP błędnie używają penicyliny jako substratu do syntezy ścian komórkowych, a transpeptydaza (lub karboksypeptydaza) jest acylowana. Acylowany PBP nie może hydrolizować β-laktamu, a kolejne etapy syntezy ściany komórkowej są utrudnione, podczas gdy autoliza przez enzymy degradacji ściany komórkowej (autolityczne) jest kontynuowana. Komórki bakteryjne stają się przepuszczalne dla wody, szybko pobierają płyn i ostatecznie lizują się (Goffin i Ghuysen, 1998). Niezwykle niska toksyczność antybiotyków w tych klasach spowodowała ich nadużywanie w środowisku medycznym, co doprowadziło do wzrostu oporności bakterii na tę klasę antybiotyków.

4.2.3.1.1 β-laktamazy

Oporność na antybiotyki β-laktamowe w *E. coli* jest przede wszystkim wynikiem działania β-laktamaz, które hydrolizują pierścień β-laktamowy i tym samym inaktywują antybiotyk (Livermore, 1995). Opisano wiele różnych β-laktamaz (Livermore, 1998, 1995). Ponad 200 β-laktamaz podzielono na cztery główne grupy i osiem podgrup według ich cech funkcjonalnych i strukturalnych. Klasyczne enzymy TEM-1, TEM-2 i SHV-1 są dominującymi plazmidowymi β-laktamazami z prętów gram-ujemnych. Izolaty *E. coli* ze ścieków o wysokiej odporności na ampicylinę były zgłaszane przez wielu pracowników (Talukdar *i in.*, 2013), rzeki (Su *i in.*, 2012), wody pitnej (Mataseje *i in.*, 2009) oraz ujścia rzek (Henriques *i in.*, 2006).

4.2.3.1.2 Beta-laktamaza o rozszerzonym spektrum działania

Beta-laktamaza o rozszerzonym spektrum działania (Extended-spectrum beta-lactamase - ESBL), produkująca członków rodziny *Enterobacteriaceae,* jest oporna na penicyliny, cefalosporyny o wąskim i rozszerzonym spektrum działania oraz aztreonam (Bush and Singer, 1989). Organizmy wytwarzające ESBL są również często odporne na aminoglikozydy, trimetoprim-sulfametoksazol i chinolony. Oksymino-cefalosporyny, takie jak cefotaksym, ceftazydym i ceftriakson, mają silne działanie przeciwko klinicznym izolatom *E. coli* opornym na inne czynniki β-laktamowe. Jednak nawet te antybiotyki zostały zakwestionowane przez pojawienie się szczepów wytwarzających β-laktamazy o rozszerzonym spektrum działania (ESBL) (Philippon *i in.*, 1989).

Mataseje *i in.*, (2009) badali odporność na cefoksytynę w *E. coli* wyizolowanej z plaż i prywatnej wody pitnej w Kanadzie. Z rzek (Tacao *i in.*, 2013; Dolejska *i in.*, 2009) oraz ze ścieków (Reinthaler *i in.*, 2010) zgłoszono produkujące ESBL E. *coli.*

4.2.3.2 Aminoglikozydy

Aminoglikozydy są grupą antybiotyków pochodzących od *Streptomyces* spp. (streptomycyna, neomycyna i tobramycyna) lub *Micromonospora* spp. (gentamycyna) albo syntetyzowanych in vitro (netilmycyna, amikacyna, arbekacyna i isepamycyna). Wykazują one aktywność przeciwbakteryjną wobec szerokiego spektrum różnych mikroorganizmów, w tym bakterii Gram-dodatnich i Gram-ujemnych, prątków i pierwotniaków. Stosowanie aminoglikozydów zostało ograniczone, ponieważ stwierdzono, że długotrwałe stosowanie powoduje uszkodzenia nerek i uszkodzenia nerwów słuchowych prowadzące do głuchoty (Goni-Urriza *i in.*, 2000). Zmniejszone stosowanie antybiotyków tej klasy może wyjaśniać niski poziom oporności izolatów na antybiotyki tej klasy, z wyjątkiem streptomycyny, która jest stosowana głównie w leczeniu chorych na gruźlicę.

Odporność na aminoglikozydy może być naturalna lub nabyta. Ponieważ aminoglikozydy są transportowane przez błonę komórkową bakterii w zależnym od energii, wymagającym tlenu procesie, bakterie beztlenowe są naturalnie odporne na działanie aminoglikozydów. Nabyta odporność na aminoglikozydy może wystąpić poprzez trzy mechanizmy: i) zmiany w przepuszczalności membran, ii) modyfikacje enzymatyczne, lub iii) zmiany w miejscu docelowym (Sanders and Sanders, 1995).

Su *i wsp.*, (2012) oraz Mataseje *i wsp.*, (2009) zgłosiły wyższą oporność na streptomycynę i niższą oporność na gentamycynę odpowiednio w *E. coli* wyizolowanej z rzeki oraz w wodzie pitnej. Roe *i wsp.*, (2003) oraz Dolejska *i wsp.*, (2009) podali, że izolaty *E. coli* z wód powierzchniowych wykazywały niższą odporność na streptomycynę i gentamycynę.

4.2.3.3 Quinolones

Quinolones są rodziną środków antybakteryjnych o szerokim spektrum działania, które działają poprzez hamowanie aktywności gyrazy DNA i topoizomerazy IV. Pierwszym syntetyzowanym członkiem chinolonów był kwas nalidyksowy (Na); nowe fluorochinolony, takie jak cyprofloksacyna (Cip), znacznie zwiększają siłę antybakteryjną.

Szereg mechanizmów oporności na chinolon u bakterii przypisano genetycznym elementom plazmidowym, pompom wypływowym i mutacjom w regionach określających oporność na chinolon (QRDR) genów *gyrA*, *gyrB*, *parC* i *parE*. Mutacje w QRDR zmieniają powinowactwo gyrazy DNA i topoizomerazy IV do chinolonów i tym samym chronią bakterie przed śmiercią (Tavio *i in.*, 1999). Enzymy te są niezbędne dla żywotności komórek, ponieważ odgrywają one istotną rolę w replikacji DNA, segregacji chromosomów i kompakcji DNA. W skumulowanych mutacjach chromosomalnych w genach *gyrA* i *parC oraz w* przekazywalnych genach *qnr* odkryto odporność na chinolony (Kim *i in.*, 2010).

Izolaty *E. coli* o wysokiej odporności na chinolony były zgłaszane przez wielu pracowników w ściekach (Talukdar *i in.*, 2013; Mokracka *i in.*, 2012). Niska oporność chinolonów odpornych na *E. coli została* zgłoszona z ujścia rzeki (Henriques *i in.*, 2006), rzeki (Su *i in.*, 2012) oraz wody pitnej (Mataseje *i in.* , 2009) wody powierzchniowej (Dolejska *i in.*, 2009).

4.2.3.4 Chloramfenikol

Chloramfenikol jest antybiotykiem dostępnym do użytku klinicznego od 1948 roku i jest aktywny przeciwko bakteriom Gram-dodatnim i wielu bakteriom Gram-ujemnym, w tym *riketsjom* (Shaw, 1983). Chloramfenikol był szeroko stosowany w medycynie weterynaryjnej do czasu pojawienia się obaw dotyczących jego toksyczności. Obecnie tylko fluorowana pochodna chloramfenikolu, florfenikol, jest dopuszczona do weterynaryjnego stosowania u zwierząt z rodziny koniowatych, ale florfenikol nie jest dopuszczony do stosowania u świń w Stanach Zjednoczonych (Bischoff *i in.*, 2002). Chloramfenikol hamuje translację podczas syntezy białek i powoduje niedokrwistość aplastyczną u niewielkiego odsetka pacjentów, a jego stosowanie w sytuacjach niezagrażających życiu jest bardzo minimalne. Chloramfenikol wiąże się z rybosomalną podjednostką 50S i hamuje etap peptydylotransferazy w syntezie białek. Odporność na chloramfenikol może być pośredniczyć albo enzymatycznie poprzez chemiczną inaktywację leku lub nieenzymatycznie poprzez ścieki leku.

Izolaty *E. coli* o niskiej odporności na chloramfenikol z różnych źródeł, takich jak wody źródlane (Ozgumus *i in.*, 2007), rzeka (Koczura *i in.*, 2012; Su *i in.*, 2012; Mataseje *i in.*, 2009), ścieki (Talukdar *i in.*, 2013) oraz wody powierzchniowe (Dolejska *i in.*, 2009) zostały zgłoszone przez wielu pracowników.

4.2.3.5 Tetracykliny

Jest to jeden z najwcześniejszych antybiotyków o szerokim spektrum działania, a od czasu jego opracowania w latach czterdziestych XX wieku jest produkowany na największą skalę spośród wszystkich antybiotyków (Roberts, 1996). Nie tylko był on stosowany w medycynie i weterynarii, ale także jako stymulator wzrostu w hodowli zwierząt. Jego skuteczność, niskie koszty i brak skutków ubocznych sprawiają, że jest on najczęściej stosowanym antybiotykiem w hodowli zwierząt, w tym w akwakulturze.

Oporność na tetracyklinę u bakterii objawia się czterema mechanizmami, takimi jak wypływ, ochrona rybosomalna, inaktywacja enzymatyczna i modyfikacja celu (Chopra i Roberts, 2001). Wiodącym mechanizmem oporności na tetracykliny w *E. coli* jest wytłaczanie leku z cytoplazmy przez wypływ (Chopra i Roberts, 2001).

Izolaty *E. coli* o wysokiej odporności na tetracyklinę zostały zgłoszone z różnych źródeł, takich jak ścieki (Talukdar *i in.*, 2013; Mokracka *i in.*, 2012), rzeka (Koczura *i in.*, 2012; Su *i in.*, 2012), woda pitna (Mataseje *i in.*, 2009) oraz ujście rzeki (Henriques *i in.*, 2006).

4.2.3.6 Sulfonamidy

Sulfonamidy są powszechnie stosowane w leczeniu zakażeń bakteryjnych i pierwotniakowych od momentu ich wprowadzenia klinicznego w 1935 r. (Perreten i Boerlin, 2003). Sulfametoksazol w połączeniu z trimetoprimem (kotrimoksazol) pozostaje alternatywą dla antybiotyków w leczeniu kilku chorób zakaźnych i jest, według WHO, lekiem z wyboru w niektórych stanach chorobowych (Grape *i in.*, 2003). Połączenie trimetoprimu z sulfametoksazolem, jest nadal powszechnie stosowane w medycynie do leczenia zakażeń dróg moczowych. Sulfonamidy konkurują z analogowym strukturalnym kwasem *p-aminobenzoesowym* o wiązanie z syntezą dihydropteroatu (DHPS), enzymem katalitycznym w drodze biosyntezy kwasu foliowego, hamując w ten sposób powstawanie kwasu dihydrofolowego (Skold, 2000).

W wielu badaniach odnotowano występowanie odpornej na sulfonamidy *E. coli* w wodzie (Su *i in.*, 2012; Moura *i in.*, 2007; Roe *i in.*, 2003). Izolaty *E. coli* o wysokiej odporności na sulfonamidy były zgłaszane przez wielu pracowników w rzekach (Koczura *i in.*, 2012; Su *i in.*, 2012) i ściekach (Talukdar *i in.*, 2013; Mokracka *i in.*, 2012). *E. coli* o umiarkowanym poziomie oporności na sulfonamidy zgłoszono z ujścia rzeki (Henriques *i in.*, 2006) oraz z wody pitnej (Mataseje *i in.*, 2009).

4.2.3.7 Trimetoprim

Trimetoprim jest antybiotykiem o szerokim spektrum działania, aktywnym przeciwko patogenom jelitowym, takim jak gatunki *E. coli* i *Shigella.* Trimetoprim jest analogiem kwasu dihydrofolowego, niezbędnym składnikiem w syntezie aminokwasów i nukleotydów, który konkurencyjnie hamuje enzym reduktazy dihydrofolanowej (DHFR). Bakterie mogą stać się odporne na trimetoprim przez kilka mechanizmów, w tym rozwój barier przepuszczalności, pomp wypływowych oraz istnienie naturalnie niewrażliwych docelowych enzymów DHFR, zmiany mutacyjne i regulacyjne w docelowych enzymach oraz nabywanie odpornych na leki enzymów docelowych (Huovinen, 2001).

Zgłaszano izolaty *E. coli* o wysokim stopniu oporności na trimetoprim (Koczura *i in.*, 2012; Su *i in.*, 2012) oraz ścieki (Mokracka *i in.*, 2012).

Częstość występowania oporności na leki wśród izolatów *E. coli jest* dobrze udokumentowana z estuaryną, co potwierdza przegląd odpowiedniej literatury. Jednak większość tych badań została przeprowadzona w krajach rozwiniętych, a w krajach wschodzących, takich jak Indie, są one bardzo rzadkie. Opublikowane literatury na ten temat z obszaru badań są ograniczone do kilku (Chandran *i in.*, 2008; Hatha *i in.*, 2005). Ponadto środowisko wodne jest bardzo dynamiczne, a warunki ciągle się zmieniają. Ujścia charakteryzują się wysokim stopniem zanieczyszczenia i stanowią tygiel dla patogenów komensalnych/oportunistycznych pochodzących z różnych źródeł. Te naturalne wody stanowią również środowisko sprzyjające przenoszeniu genów wśród bakterii, co może prowadzić do zmian wzorców oporności w czasie. Ponadto wzorzec oporności na antybiotyki w danym obszarze/kraju jest określony na podstawie dominujących wzorców stosowania/częstotliwości stosowania antybiotyków i musi być monitorowany specjalnie dla tego obszaru badań. W związku z tym badanie zostało podjęte w następujących celach.

4.3 Cele

1) W celu określenia częstości występowania oporności na antybiotyki wśród izolatów *E. coli* z ujścia.
2) Określenie wskaźnika MAR (wielokrotnej oporności na antybiotyki) dla izolatów *E. coli* oraz objaśnienie wzoru oporności.

4.4 Materiały i metody

W niniejszym badaniu łącznie 300 izolatów *E. coli* pochodzenia estuarynowego, 100 *E. coli* pochodzenia klinicznego i 100 *E. coli* pochodzenia morskiego badano pod kątem wrażliwości na antybiotyki metodą dyfuzji krążkowej.

4.4.1 Badanie wrażliwości na antybiotyki

Wzorce oporności na antybiotyki wszystkich izolatów *E. coli* oznaczono metodą dyfuzji krążkowej (Bauer *i in.*, 1966) na agarze Mueller-Hinton (Hi-Media, Indie). Badane antybiotyki zostały wymienione w tabeli 4.1. Czyste kultury wszystkich izolatów *E. coli* zostały wzbogacone w pożywkę w temperaturze 37° C przez 6-8 godzin. Następnie, za pomocą sterylnego wacika bawełnianego, na wysuszone powierzchniowo sterylne płytki agarowe Muller Hinton zostały posiane kultury. Po 15-30 minutach czasu preinkubacji krążki antybiotykowe zostały aseptycznie umieszczone na wysiewanych płytkach agarowych Muller Hinton, wystarczająco odseparowane od siebie, aby uniknąć nakładania się strefy inhibicji. Po nocnej inkubacji w temperaturze 37 °C zmierzono średnicę strefy inhibicji i zaklasyfikowano izolaty jako wrażliwe, pośrednie lub odporne, zgodnie z wytycznymi Clinical and Laboratory Standards Institute (CLSI) (Clinical Laboratory Standards Institute, 2007).

Tabela 4.1 Wykaz stosowanych antybiotyków, skróty i ich stężenia

Sl.No	Nazwa antybiotyku	Skrót	Koncentracja
1	Ampicylina	Amp	10 µg
2	Cefotaxime	Ctx	30 µg
3	Cefoxitin	Cx	30 µg
4	Cefpodoxime	Cpd	10 µg
5	Ceftazidime	Caz	30 µg
6	Ceftriakson	Ctr	30 µg
7	Cefuroxime	Cxm	30 µg
8	Chloramfenikol	C	30 µg
9	Ciprofloxacin	Cip	5 µg
10	Co-Trimoxazole	Co	25 µg
11	Gentamicin	Gen	10 µg
12	Kwas nalidyksowy	Na	30 µg
13	Streptomycyna	S	10 µg
14	Tetracyklina	Te	30 µg
15	Trimethoprim	Tr	5 µg

4.4.2 Indeksowanie MAR izolatów *E. coli*

Indeks wielokrotnych oporności na antybiotyki (MAR) poszczególnych izolatów sporządzono według Krumpermana, (1983). Wskaźnik MAR pojedynczego izolatu obliczono dzieląc liczbę antybiotyków, na które izolat był oporny, przez całkowitą liczbę antybiotyków, na które izolat był narażony. Uznaje się, że izolaty o indeksie MAR większym niż 0,2 pochodzą ze źródeł wysokiego ryzyka skażenia, takich jak ludzie, drób lub bydło hodowlane, gdzie często stosuje się antybiotyki.

4.4.3 Analiza statystyczna

Analiza statystyczna w tym badaniu została przeprowadzona przy użyciu oprogramowania SPSS 13 (Pakiet Statystyczny dla Nauk Społecznych). Jednodrożną Analizę Zmienności (ANOVA, Games-Howell) zastosowano do badania różnic w oporności bakterii pomiędzy antybiotykami, różnymi stacjami i różnymi źródłami oraz w oporności antybiotykowej pomiędzy różnymi grupami filogenetycznymi w obrębie pięciu stacji i pomiędzy różnymi źródłami. Do analizy korelacji pomiędzy fenotypami oporności na antybiotyki wykorzystano współczynnik korelacji Pearsona. Poziom istotności został ustawiony na $\alpha = 0,05$.

4.5 Wyniki

4.5.1 Oporność na antybiotyki izolatów *E. coli* z ujścia Cochina

4.5.1.1 Ogólna oporność na antybiotyki izolatów *E. coli* z ujścia Cochina

Częstość występowania oporności na antybiotyki oceniano łącznie na trzystu *E. coli* wyizolowanych z ujścia Cochina (rysunek 4.1). Wyniki wykazały istotne różnice w oporności bakterii na 15 różnych antybiotyków stosowanych w tym badaniu (ANOVA, $p = 0,000$). Analiza Games-Howell wykazała, że oporność na ampicylinę była istotnie wyższa niż na cefotaksym, cefpodoksym, ceftazydym, ceftriakson, cefuroksym, chloramfenikol, cyprofloksacynę, gentamycynę i streptomycynę ($p < 0,05$). Analiza Games-Howell wykazała również, że częstość występowania oporności na cefoksytynę i cefpodoksym były istotnie wyższe niż na cefotaksym, ceftazydym, ceftriakson, cefuroksym, chloramfenikol i gentamycynę ($p < 0,05$). Analiza statystyczna wyniku wykazała bardzo istotny związek pomiędzy ceftazydymem a ceftriaksonem ($p = 0,002$). Ponadto stwierdzono istotny związek pomiędzy współtrimoksazolem z trimetoprimem i kwasem nalidiksynowym ($p < 0,05$). Stwierdzono również istotny związek pomiędzy cefotaksymem a cefuroksymem i gentamycyną ($p < 0,05$).

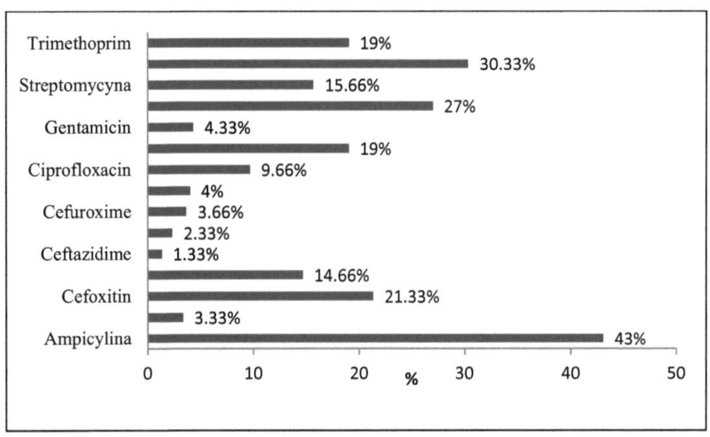

Rysunek 4.1 Odsetek oporności na antybiotyki wśród izolatów *E. coli* z ujścia Cochina (n = 300)

Chociaż poszczególne szczepy różnią się pod względem oporności na różne antybiotyki łącznie, szczepy *E. coli* wyizolowane z ujścia Cochina wykazały oporność na wszystkie badane antybiotyki. Wśród poszczególnych antybiotyków największy odsetek oporności na antybiotyki stwierdzono na ampicylinę (43%), następnie na tetracyklinę (30,33%), kwas nalidyksowy (27%) i cefoksytynę (21,33%). Od 20% do 10% *E. coli* było oporne na ko-trimoksazol (19%), trimetoprim (19%), streptomycynę (15,66%) i cefpodoksym (14,66%). Odporność na cyprofloksacynę, gentamycynę, chloramfenikol, cefuroksym, cefotaksym, ceftriakson i ceftazydym była niższa i wynosiła odpowiednio 9,66%, 4,33%, 4%, 3,66%, 3,33%, 2,33% i 1,33%. Nie stwierdzono istotnej różnicy w oporności na antybiotyki wśród *E. coli* z pięciu różnych stacji (ANOVA, p = 0,318).

4.5.1.1.1 Ogólna częstość występowania oporności na antybiotyki wśród różnych grup filogenetycznych izolatów *E. coli* z ujścia Cochina

Wśród izolatów *E. coli* z różnych grup filogenetycznych stosunkowo wyższą opornością na ampicylinę (63,82%), cefoksytynę (38,29%), kwas nalidyksowy (31,91%), cepfodoksym (27,65%), ko-trimoksazol (21,27%), gentamycynę (10,63%), ceftriakson (10,63%) (rys. 4.2). Odporność na cyprofloksacynę (13,04%) była wyższa wśród *E. coli* należących do grupy filogenetycznej B1. Szczepy grupy filogenetycznej A wykazały najwyższą odporność na tetracyklinę (42,05%) i trimetoprim (23,36%). Łącznie, szczepy filogenetyczne grupy B2 i D wykazały oporność na wszystkie badane antybiotyki. Wszystkie izolaty należące do grupy filogenetycznej A były wrażliwe na ceftazydym i ceftriakson. Izolaty grupy filogenetycznej B1 były wrażliwe na ceftazydym, ceftriakson, chloramfenikol i gentamycynę.

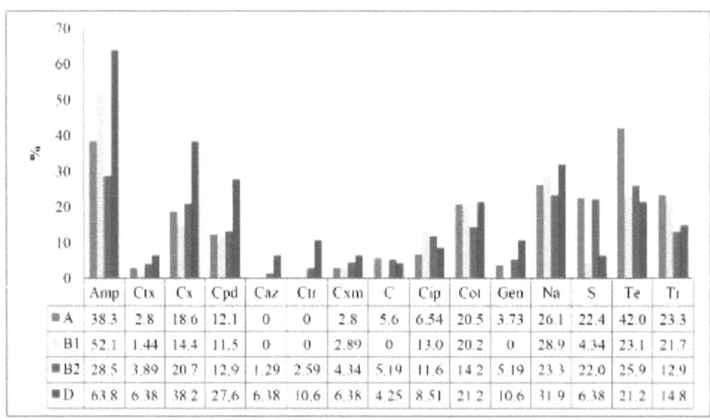

	Amp	Ctx	Cx	Cpd	Caz	Ctr	Cxm	C	Cip	Cot	Gen	Na	S	Te	Ti
A	38.3	2.8	18.6	12.1	0	0	2.8	5.6	6.54	20.5	3.73	26.1	22.4	42.0	23.3
B1	52.1	1.44	14.4	11.5	0	0	2.89	0	13.0	20.2	0	28.9	4.34	23.1	21.7
B2	28.5	3.89	20.7	12.9	1.29	2.59	4.34	5.19	11.6	14.2	5.19	23.3	22.0	25.9	12.9
D	63.8	6.38	38.2	27.6	6.38	10.6	6.38	4.25	8.51	21.2	10.6	31.9	6.38	21.2	14.8

Rys. 4.2 Odsetek oporności na antybiotyki wśród różnych grup filogenetycznych izolatów *E. coli* z ujścia Cochina (n = 300)

4.5.1.2 Oporność antybiotykowa izolatów *E. coli* ze stacji 1 (Chitoor)

Istotną różnicę w oporności bakterii na 15 różnych antybiotyków stwierdzono w stacji 1, Chitoor (p =0,001). Nie stwierdzono jednak istotnej różnicy w oporności na antybiotyki pomiędzy 4 różnymi grupami filogenetycznymi (ANOVA, p = 0,100).

W stacji 1 (Chittor) najwyższy odsetek oporności na antybiotyki stwierdzono w przypadku ampicyliny (27,66%), następnie cefoksityny (21,27%), cefpodoksymu (17,02%), kwasu nalidyksowego (10,64%), streptomycyny (10,64%) i tetracykliny (10,64%) (tab. 4.2). Od 10% do 2%

oporności stwierdzono dla ko-trimoksazolu (6,38%), trimetoprimu (6,38%), chloramfenikolu (4,25%), gentamycyny (4,25%), cefotaksymu (2,13%) i ceftriaksonu (2,12%). Żaden z izolatów nie wykazywał odporności na ceftazydym, cefuroksym i cyprofloksacynę.

4.5.1.2.1 Ogólna częstość występowania oporności na antybiotyki wśród różnych grup filogenetycznych izolatów *E. coli* ze stacji 1 (Chitoor)

Szczepy grupy filogenetycznej A wykazywały najwyższą odporność tylko na streptomycynę. Izolaty grupy filogenetycznej A były wrażliwe na ceftazydym, ceftriakson, cefuroksym i cyprofloksacynę. Wszystkie izolaty należące do grupy filogenetycznej B1 i B2 były wrażliwe na cefotaksym, ceftazydym, ceftriakson, cefuroksym, chloramfenikol, cyprofloksacynę, gentamycynę i streptomycynę. Podobnie, izolaty filogenetyczne grupy D były wrażliwe na cefotaksym, ceftazydym, cefuroksym, cyprofloksacynę i trimetoprim (rysunek 4.3).

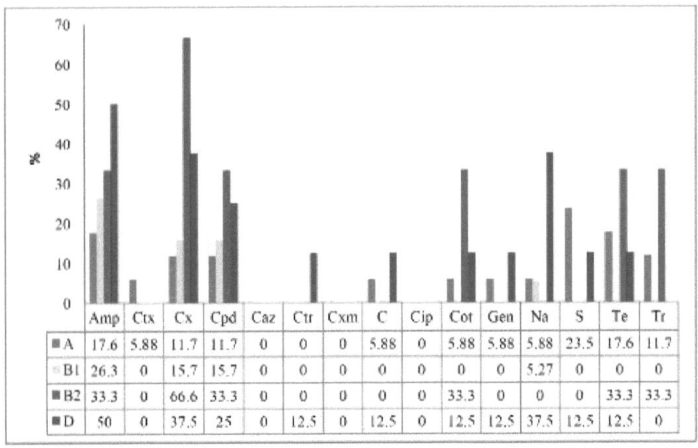

	Amp	Ctx	Cx	Cpd	Caz	Ctr	Cxm	C	Cip	Cot	Gen	Na	S	Te	Tr
A	17.6	5.88	11.7	11.7	0	0	0	5.88	0	5.88	5.88	5.88	23.5	17.6	11.7
B1	26.3	0	15.7	15.7	0	0	0	0	0	0	0	5.27	0	0	0
B2	33.3	0	66.6	33.3	0	0	0	0	0	33.3	0	0	0	33.3	33.3
D	50	0	37.5	25	0	12.5	0	12.5	0	12.5	12.5	37.5	12.5	12.5	0

Rys. 4.3 Procentowy udział oporności na antybiotyki wśród różnych grup filogenetycznych izolatów *E. coli* ze stacji 1 (Chitoor)

4.5.1.3 Oporność antybiotykowa izolatów *E. coli* ze stacji 2 (Bolgatty)

Istotną różnicę w oporności bakterii na 15 różnych antybiotyków stwierdzono w stacji 2, Bolgatty (p =0,000). Analiza Games-Howell wykazała, że odsetek oporności bakterii na kwas nalidyksowy był istotnie wyższy niż na cefotaksym, ceftazydym, ceftriakson, cefuroksym, chloramfenikol i gentamycynę ($p < 0,05$). Nie stwierdzono jednak istotnej różnicy w oporności na antybiotyki pomiędzy 4 różnymi grupami filogenetycznymi (ANOVA, p = 0,274).

Spośród *E. coli* wyizolowanych ze stacji 2 (Bolgatty), najwyższy odsetek oporności na antybiotyki stwierdzono w przypadku ampicyliny (52%), a następnie kwasu nalidiksynowego (37).33%), tetracyklina (34,67%), ko-trimoksazol (29,34%), trimetoprim (24%), cyprofloksacyna (20%), cefoksityna (18,67%), streptomycyna (14,65%) i cefpodoksym (13,33%) (tabela 4.2). Pięć do 10% szczepów było opornych na gentamycynę (9,34%) i chloramfenikol (8%); oporność na cefotaksym, cefuroksym, ceftazydym i ceftriakson była niższa i wynosiła odpowiednio 4%, 2,66%, 1,33% i 1,33%.

4.5.1.3.1 Ogólna częstość występowania oporności na antybiotyki wśród różnych grup filogenetycznych izolatów *E. coli* ze stacji 2 (Bolgatty)

Prawie 86% szczepów filogenetycznych grupy D wykazywało oporność na ampicylinę (80%), następnie na kwas nalidyksowy (46,7%) cefoksytynę (40%) i cefpodoksym (26,7%) (rysunek 4.4).

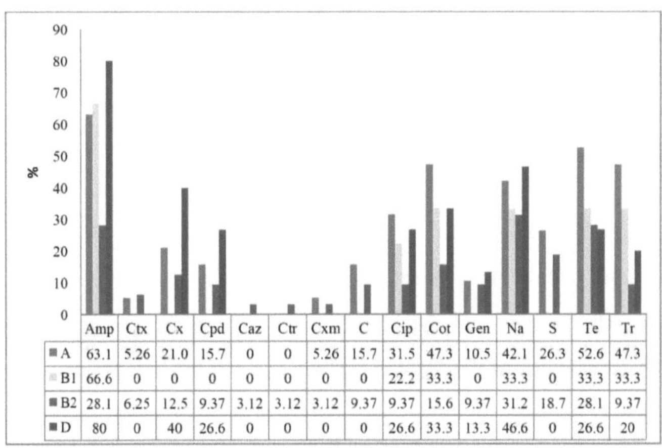

	Amp	Ctx	Cx	Cpd	Caz	Ctr	Cxm	C	Cip	Cot	Gen	Na	S	Te	Tr
A	63.1	5.26	21.0	15.7	0	0	5.26	15.7	31.5	47.3	10.5	42.1	26.3	52.6	47.3
B1	66.6	0	0	0	0	0	0	0	22.2	33.3	0	33.3	0	33.3	33.3
B2	28.1	6.25	12.5	9.37	3.12	3.12	3.12	9.37	9.37	15.6	9.37	31.2	18.7	28.1	9.37
D	80	0	40	26.6	0	0	0	0	26.6	33.3	13.3	46.6	0	26.6	20

Rys. 4.4 Procentowy udział oporności na antybiotyki wśród różnych grup filogenetycznych izolatów *E. coli* ze stacji 2 (Bolgatty)

Izolaty filogenetyczne grupy D były wrażliwe na cefotaksym, ceftazydym, ceftriakson, cefuroksym, chloramfenikol i streptomycynę. Szczepy grupy filogenetycznej A wykazywały stosunkowo większą odporność na tetracyklinę (52,6%), ko-trimoksazol (47,4%), trimetoprim (47,4%), cyprofloksacynę (31,6%) i chloramfenikol (15,7%). Wszystkie izolaty grupy filogenetycznej A były wrażliwe na ceftazydym i ceftriakson, natomiast izolaty grupy filogenetycznej B2 wykazywały odporność na wszystkie badane antybiotyki. Izolaty filogenetyczne grupy B1 były wrażliwe na cefotaksym, cefoksytynę, cefpodoksym, ceftazydym, ceftriakson, cefuroksym, chloramfenikol, gentamycynę i streptomycynę.

4.5.1.4 Oporność na antybiotyki izolatów *E. coli* ze stacji 3 (Off Marine Science Jetty)

Znacząca różnica w oporności bakterii na 15 różnych antybiotyków została stwierdzona w stacji 3, Off Marine Science Jetty (p = 0,000). Analiza Games-Howell wykazała, że odsetek oporności bakterii na tetracyklinę był istotnie wyższy niż na ceftazydym, ceftriakson, cefuroksym i chloramfenikol (p

< 0,05). Nie stwierdzono jednak istotnej różnicy w oporności na antybiotyki pomiędzy 4 różnymi grupami filogenetycznymi (ANOVA, p = 0,867).

Izolaty *E. coli* ze stacji 3 (Off Marine Science Jetty), były odporne na ampicylinę (42,02%), tetracyklinę (31,88%), streptomycynę (26.08%), cefoksytyna (24,63%), kwas nalidyksowy (21,73%), trimetoprim (14,49%), cepfodoksym (14,44%), współtrimoksazol (10,15%) i cyprofloksacyna (10,15%) (tabela 4.2). Od 2-6% izolatów było opornych na cefuroksym (5,79%), cefotaksym (4,35%), gentamycynę (4,35%) i ceftriakson (2,89%). Najmniejszą oporność wykryto na ceftazydym i chloramfenikol (1,45%). Spośród różnych grup filogenetycznych największą opornością na ampicylinę (75%), kwas nalidyksowy (50%), trimetoprim (37,5%), ko-trimoksazol (25%) i cefotaksym (12,5%) wykazały szczepy grupy B1.

4.5.1.4.1 Ogólna częstość występowania oporności na antybiotyki wśród różnych grup filogenetycznych izolatów *E. coli* ze stacji 3 (Off Marine Science Jetty)

Szczepy filogenetyczne grupy B2 wykazywały stosunkowo większą odporność na streptomycynę (31,6%) i cyprofloksacynę (26,3%) (rys. 4.5). Oporność na tetracyklinę (36,4%) była stosunkowo wysoka wśród *E. coli* należących do grupy A, natomiast szczepy filogenetyczne grupy D wykazywały oporność na cefoksytynę (44,4%), cefpodoksym (22,2%), gentamycynę (22,2%), ceftazydym (11,1%), ceftriakson (11,1%) i cefuroksym (11,1%). Natomiast wszystkie izolaty filogenetyczne grupy A były wrażliwe na cefotaksym, ceftazydym, ceftriakson, chloramfenikol, cyprofloksacynę i gentamycynę, natomiast izolaty filogenetyczne grupy B1 były wrażliwe na cefoksytynę, cefpodoksym, ceftazydym, ceftriakson, cefuroksym, chloramfenikol i gentamycynę. Izolaty filogenetyczne grupy B2 wykazały oporność na wszystkie badane antybiotyki oprócz ceftazydyny. Izolaty filogenetyczne grupy D były wrażliwe na chloramfenikol, cyprofloksacynę, ko-trimoksazol i trimetoprim.

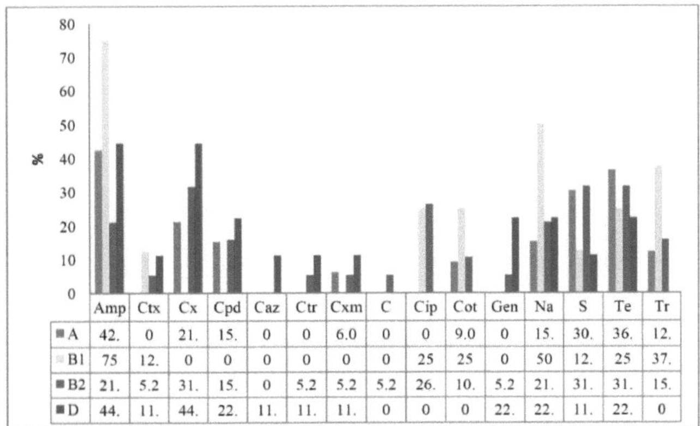

	Amp	Ctx	Cx	Cpd	Caz	Ctr	Cxm	C	Cip	Cot	Gen	Na	S	Te	Tr
A	42.	0	21.	15.	0	0	6.0	0	0	9.0	0	15.	30.	36.	12.
B1	75	12.	0	0	0	0	0	0	25	25	0	50	12.	25	37.
B2	21.	5.2	31.	15.	0	5.2	5.2	5.2	26.	10.	5.2	21.	31.	31.	15.
D	44.	11.	44.	22.	11.	11.	11.	0	0	0	22.	22.	11.	22.	0

Rysunek 4.5 Odsetek oporności na antybiotyki wśród różnych grup filogenetycznych izolatów *E. coli* ze stacji 3 (Off Marine Science Jetty).

4.5.1.5 Oporność antybiotykowa izolatów *E. coli* ze stacji 4 (Thevara)

Istotną różnicę w oporności bakterii na 15 różnych antybiotyków stwierdzono w stacji 4, Thevara (p = 0,001). Stwierdzono również istotną różnicę w oporności na antybiotyki pomiędzy 4 różnymi grupami filogenetycznymi (ANOVA, p = 0,039).

Spośród *E. coli* wyizolowanych ze stacji 4 (Thevara) najwyższy odsetek oporności na antybiotyki stwierdzono w przypadku ampicyliny (44,89%), następnie tetracykliny (32,65%), kwasu nalidyksowego (26,53%) i trimetoprimu (20,41%) (tab. 4.2). Od 5-20% szczepów było opornych na cefoksytynę (18,36%), ko-trimoksazol (18,36%), cefpodoksym (14,28%), streptomycynę (14,28%), cyprofloksacynę (8,16%), cefuroksym (6,12%); a 2,04% było opornych na cefotaksym, chloramfenikol i gentamycynę. Wszystkie izolaty były wrażliwe na ceftazydim i ceftriakson.

4.5.1.5.1 Ogólna częstość występowania oporności na antybiotyki wśród różnych grup filogenetycznych izolatów *E. coli* ze stacji 4 (Thevara)

Wśród różnych grup filogenetycznych ponad 80% szczepów z grupy filogenetycznej B1 wykazało oporność na ampicylinę, a następnie cefoksytynę (41,7%), cefodoksym (33,3%), cyprofloksacynę (33,3%), ko-trimoksazol (25%) i cefuroksym (16,7%) (rys. 4.6). Szczepy grupy filogenetycznej A wykazywały stosunkowo większą odporność na tetracyklinę i kwas nalidyksowy, natomiast szczepy grupy filogenetycznej B2 wykazywały dużą odporność na streptomycynę. Wszystkie izolaty filogenetyczne grupy A były wrażliwe na ceftazydym, ceftriakson, cefuroksym i cyprofloksacynę. Izolaty filogenetyczne grupy D były wrażliwe na cefotaksym, ceftazydym, ceftriakson, cefuroksym, chloramfenikol, cyprofloksacynę, ko-trimoksazol, gentamycynę, streptomycynę, tetracyklinę i trimetoprim. Izolaty grupy filogenetycznej B1 były wrażliwe na ceftazydym, ceftriakson, cyprofloksacynę i gentamycynę. Izolaty filogenetyczne grupy B2 były wrażliwe na cefotaksym, cefoksytynę, cepfodoksym, ceftazydym, ceftriakson, chloramfenikol, cyprofloksacynę i gentamycynę.

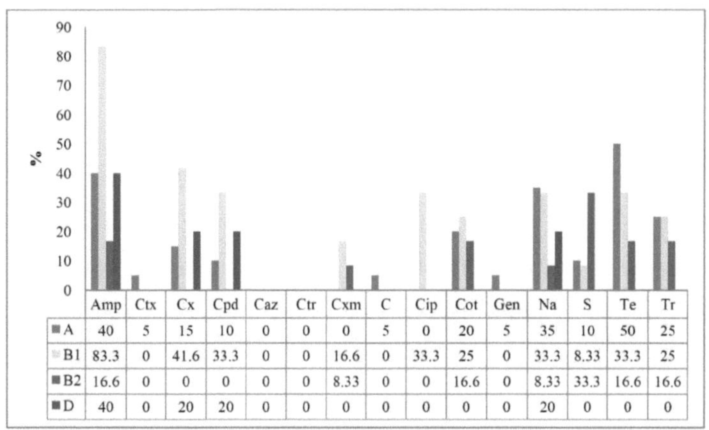

	Amp	Ctx	Cx	Cpd	Caz	Ctr	Cxm	C	Cip	Cot	Gen	Na	S	Te	Tr
A	40	5	15	10	0	0	0	5	0	20	5	35	10	50	25
B1	83.3	0	41.6	33.3	0	0	16.6	0	33.3	25	0	33.3	8.33	33.3	25
B2	16.6	0	0	0	0	0	8.33	0	0	16.6	0	8.33	33.3	16.6	16.6
D	40	0	20	20	0	0	0	0	0	0	0	20	0	0	0

Rys. 4.6 Odsetek oporności na antybiotyki wśród różnych grup filogenetycznych izolatów *E. coli* ze stacji 4 (Thevara)

4.5.1.6 Oporność na antybiotyki izolatów *E. coli* ze stacji 5 (Barmouth)

Istotną różnicę w oporności bakterii na 15 różnych antybiotyków stwierdzono w stacji 5, Barmouth (p = 0,000). Nie stwierdzono jednak istotnej różnicy w oporności na antybiotyki pomiędzy 4 różnymi grupami filogenetycznymi (ANOVA, p = 0,126).

Większość szczepów *E. coli* wyizolowanych ze stacji 5 (Barmouth) stwierdzono oporność na ampicylinę (41,66%), tetracyklinę (36,67%), kwas nalidyksowy (33,34%), ko-trimoksazol (26,67%) trimetoprim (26,67%) i cefoksytynę (23,33%) (tab. 4.2). Oporność na cefpodoksym (15%) i streptomycynę (10%), ceftriakson (5%) i cyprofloksacynę (5%) stwierdzono na poziomie od 15% do 5%. Ponadto, 3% było odporne na cefotaksym, chloramfenikol, ceftazydym i cefuroksym. Żaden z izolatów nie wykazywał odporności na gentamycynę.

4.5.1.6.1 Ogólna częstość występowania oporności na antybiotyki wśród różnych grup filogenetycznych izolatów *E. coli* ze stacji 5 (Barmouth)

Spośród różnych grup filogenetycznych stosunkowo większą odporność na ampicylinę (70%), cefoksytynę (40%), cefodoksym (40%), współtrimoksazol (40%), trimetoprim (40%), ceftriakson (30%), cefotaksym (20%), ceftazydym (20%), cefuroksym (20%) i chloramfenikol (10%) wykazywały szczepy z grupy D. Szczepy grupy filogenetycznej A były wysoce odporne na działanie tetracykliny (55,6%), kwasu nalidyksowego (38,9%) i streptomycyny (16,7%). W grupie filogenetycznej B2 izolaty oporności na cyprofloksacynę stanowiły jedynie (9,09%). Izolaty filogenetyczne grupy A, B1 i B2 były wrażliwe na cefotaksym, ceftazydym, ceftriakson, cefuroksym i gentamycynę. Izolaty filogenetyczne grupy D były wrażliwe na cyprofloksacynę i gentamycynę (rysunek 4.7).

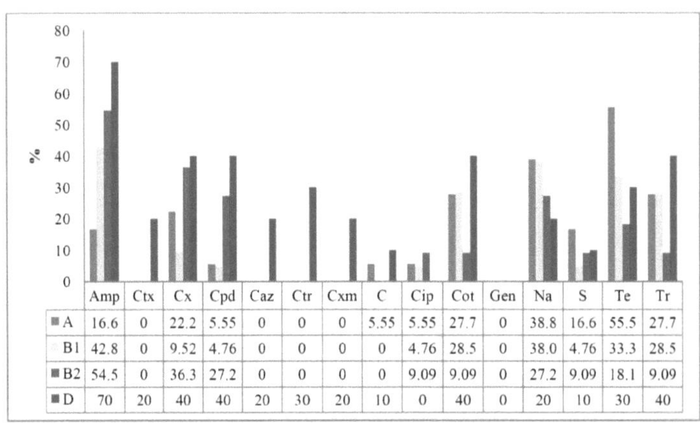

	Amp	Ctx	Cx	Cpd	Caz	Ctr	Cxm	C	Cip	Cot	Gen	Na	S	Te	Tr
A	16.6	0	22.2	5.55	0	0	0	5.55	5.55	27.7	0	38.8	16.6	55.5	27.7
B1	42.8	0	9.52	4.76	0	0	0	0	4.76	28.5	0	38.0	4.76	33.3	28.5
B2	54.5	0	36.3	27.2	0	0	0	0	9.09	9.09	0	27.2	9.09	18.1	9.09
D	70	20	40	40	20	30	20	10	0	40	0	20	10	30	40

Rys. 4.7 Odsetek oporności na antybiotyki wśród różnych grup filogenetycznych izolatów *E. coli* ze stacji 5 (Barmouth)

4.5.1.7 Występowanie oporności na antybiotyki: porównanie ze wszystkich stacji w ujściu Cochina

Tabela 4.2 przedstawia częstość występowania oporności na antybiotyki wśród izolatów *E. coli* z różnych stacji przy ujściu Cochina. Izolaty *E. coli* ze stacji 2 wykazywały większą częstość występowania oporności na ampicylinę, chloramfenikol, cyprofloksazynę, współtrimoksazol, gentamycynę i kwas nalidiksowy. Podczas gdy izolaty ze stacji 3 wykazywały wyższą prewalencję oporności na cefoksytynę i streptomycynę, natomiast izolaty *E. coli* ze stacji 4, wykazywały wyższą prewalencję oporności tylko na cefuroksym. W stacji 5 dominowały izolaty *E. coli* odporne na tetracyklinę i trymetoprim.

Tabela 4.2 Odsetek oporności na antybiotyki wśród izolatów *E. coli* z różnych stacji przy ujściu Cochina

Antybiotyki	**Stacje nr***				
	1	**2**	**3**	**4**	**5**
Ampicylina	27.66%	52%	42.02%	44.89%	41.66%
Cefotaxime	2.13%	4%	4.35%	2.04%	3.34%
Cefoxitin	21.27%	18.67%	24.63%	18.36%	23.33%
Cefpodoxime	17.02%	13.33%	14.44%	14.28%	15%
Ceftazidime	0	1.33%	1.45%	0	3.33%
Ceftriakson	2.12%	1.33%	2.89%	0	5%
Cefuroxime	0	2.66%	5.79%	6.12%	3.33%
Chloramfenikol	4.25%	8%	1.45%	2.04%	3.34%
Ciprofloxacin	0	20%	10.15%	8.16%	5%%
Co-trimoksazol	6.38%	29.34%	10.15%	18.36%	26.67%
Gentamicin	4.25%	9.34%	4.35%	2.04%	0
Kwas nalidyksowy	10.64%	37.33%	21.73%	26.53%	33.34%
Streptomycyna	10.64%	14.65%	26.08%	14.28%	10%
Tetracyklina	10.64%	34.67%	31.88%	32.65%	36.67%

*1, Chitoor; 2, Bolgatty; 3, Off Marine Science Jetty; 4, Thevara; 5, Barmouth

4.5.1.8 Ogólna częstość występowania oporności na antybiotyki wśród różnych grup filogenetycznych izolatów *E. coli*: porównanie ze wszystkich stacji w ujściu Cochina

Izolaty E. coli należące do grupy filogenetycznej A, pochodzące z różnych stacji, były wrażliwe na cefalosporyny trzeciej generacji, takie jak ceftazydym i ceftriakson, natomiast szczepy *E. coli pochodzące* z różnych stacji wykazywały znaczne zróżnicowanie w oporności na różne antybiotyki (rysunek 4.8). Oporność antybiotykowa *E. coli należącej* do grupy filogenetycznej A była istotnie zróżnicowana pomiędzy wszystkimi stacjami (p = 0,050). Analiza Games-Howell wykazała, że oporność antybiotykowa izolatów *E. coli* należących do grupy A była istotnie wyższa w stacji 2, (Bolgatty) w porównaniu z tymi ze stacji 1, 3, 4 i 5.

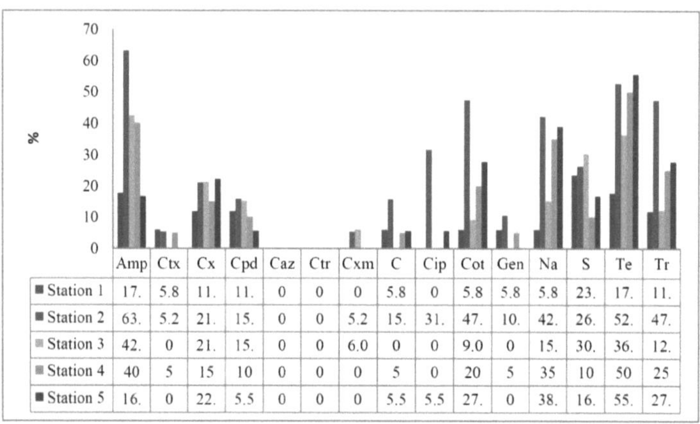

Rys. 4.8 Procentowy udział oporności na antybiotyki wśród izolatów *E. coli* należał do grupy filogenetycznej "A" z różnych stacji przy ujściu Cochina.

Izolaty grupy filogenetycznej B1 z różnych stacji były wrażliwe na ceftazydym, ceftriakson, chloramfenikol i gentamycynę (rysunek 4.9). Nie stwierdzono jednak istotnej różnicy w oporności antybiotykowej *E. coli należała* do grupy filogenetycznej B1 (p = 0,130).

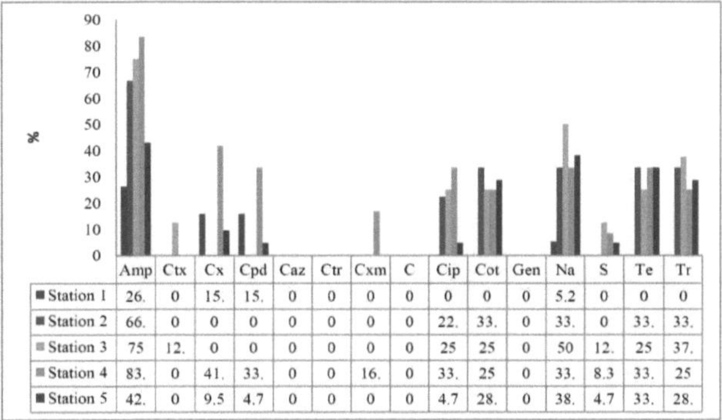

	Amp	Ctx	Cx	Cpd	Caz	Ctr	Cxm	C	Cip	Cot	Gen	Na	S	Te	Tr
Station 1	26.	0	15.	15.	0	0	0	0	0	0	0	5.2	0	0	0
Station 2	66.	0	0	0	0	0	0	0	22.	33.	0	33.	0	33.	33.
Station 3	75	12.	0	0	0	0	0	0	25	25	0	50	12.	25	37.
Station 4	83.	0	41.	33.	0	0	16.	0	33.	25	0	33.	8.3	33.	25
Station 5	42.	0	9.5	4.7	0	0	0	0	4.7	28.	0	38.	4.7	33.	28.

Rysunek 4.9 Odsetek oporności na antybiotyki wśród izolatów *E. coli* należących do grupy filogenetycznej "B1" z różnych stacji przy ujściu Cochina.

Łącznie, szczepy wyizolowane ze stacji 2 i 3 wykazały oporność na wszystkie badane antybiotyki z wyjątkiem ceftazydu (rysunek 4.10). Nie stwierdzono jednak istotnej różnicy w oporności antybiotykowej *E. coli należała do* grupy filogenetycznej B2 (p = 0,583).

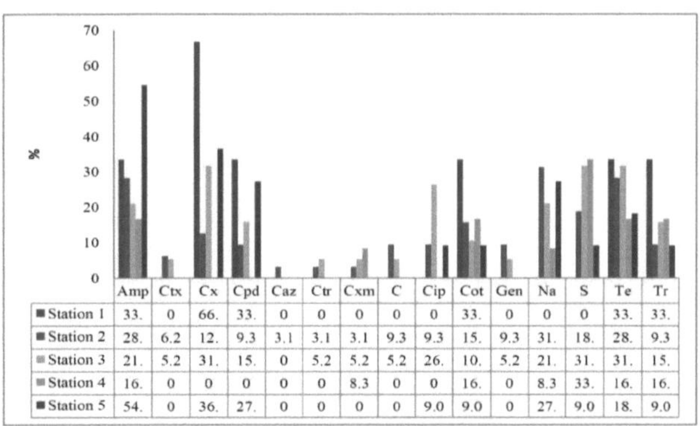

	Amp	Ctx	Cx	Cpd	Caz	Ctr	Cxm	C	Cip	Cot	Gen	Na	S	Te	Tr
Station 1	33.	0	66.	33.	0	0	0	0	0	33.	0	0	0	33.	33.
Station 2	28.	6.2	12.	9.3	3.1	3.1	3.1	9.3	9.3	15.	9.3	31.	18.	28.	9.3
Station 3	21.	5.2	31.	15.	0	5.2	5.2	5.2	26.	10.	5.2	21.	31.	31.	15.
Station 4	16.	0	0	0	0	0	8.3	0	0	16.	0	8.3	33.	16.	16.
Station 5	54.	0	36.	27.	0	0	0	0	9.0	9.0	0	27.	9.0	18.	9.0

Rysunek 4.10 Odsetek oporności na antybiotyki wśród izolatów *E. coli* należał do grupy filogenetycznej "B2" z różnych stacji przy ujściu Cochina.

Oporność antybiotykowa *E. coli należącej* do grupy filogenetycznej D była istotnie zróżnicowana pomiędzy wszystkimi stacjami (p = 0,047) (rys.

4.11). Analiza Games-Howell wykazała, że oporność antybiotykowa izolatów *E. coli* należących do grupy D była istotnie wyższa w stacji 5, (Barmouth) niż w stacjach 1, 2, 3 i 4.

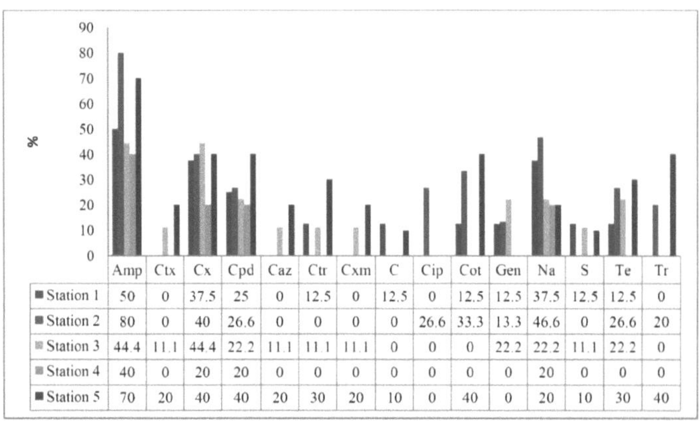

	Amp	Ctx	Cx	Cpd	Caz	Ctr	Cxm	C	Cip	Cot	Gen	Na	S	Te	Tr
Station 1	50	0	37.5	25	0	12.5	0	12.5	0	12.5	12.5	37.5	12.5	12.5	0
Station 2	80	0	40	26.6	0	0	0	0	26.6	33.3	13.3	46.6	0	26.6	20
Station 3	44.4	11.1	44.4	22.2	11.1	11.1	11.1	0	0	0	22.2	22.2	11.1	22.2	0
Station 4	40	0	20	20	0	0	0	0	0	0	0	20	0	0	0
Station 5	70	20	40	40	20	30	20	10	0	40	0	20	10	30	40

Rysunek 4.11 Odsetek oporności na antybiotyki wśród izolatów *E. coli* należał do grupy filogenetycznej "D" z różnych stacji przy ujściu Cochina.

4.5.2 Wskaźnik MAR i wzory oporności izolatów *E. coli* z ujścia Cochina

4.5.2.1 Wskaźnik MAR i wzorce rezystancji izolatów *E. coli* ze stacji 1 (Chitoor)

Nie stwierdzono istotnych różnic we wskaźniku MAR wśród *E. coli* z 5 różnych stacji (ANOVA, p = 0,129). Ponad 10% izolatów ze stacji 1 wykazało odporność na trzy lub więcej antybiotyków. Indeks MAR i wzór oporności izolatów *E. coli* ze stacji 1 podano w tabeli 4.3. Wskaźnik MAR wahał się od 0,2 do 0,66. Niewielkie zróżnicowanie wśród wzorców oporu wskazywało na możliwe pochodzenie tych izolatów ze wspólnego źródła. AmpCxCpd był często spotykanym wzorem oporności na antybiotyki wśród tych izolatów.

Tabela 4.3 Wskaźnik MAR i wzór oporności izolatów *E. coli* (n = 47) ze stacji 1 (Chitoor)

Wskaźnik MAR	Wzór oporu	częstotliwość występowania
0.66	AmpCxCpdCtrCCotGenNaSTe	2.12
0.53	AmpCtxCxCpdGenSTeTr	2.12
0.4	AmpCxCpdCotTeTr	2.12
0.33	AmpCotNaTeTr	2.12
0.26	AmpCxCpdNa	2.12
0.2	AmpCxCpd	6.38
0.2	CSTe	2.12

4.5.2.2 Wskaźnik MAR i wzorce oporności izolatów *E. coli* ze stacji 2 (Bolgatty)

Około 30% izolatów ze stacji 2 wykazało oporność na więcej niż trzy antybiotyki, a 19% izolatów wykazało oporność na więcej niż pięć antybiotyków. Indeks MAR i wzór oporności izolatów *E. coli* ze stacji 2 podano w tabeli 4.4. Indeks MAR wahał się od 0,2 do 1. Jeden izolat wykazał oporność na wszystkie badane antybiotyki. Stwierdzono bardzo duże zróżnicowanie wzorców oporności wśród izolatów *E. coli* z Bolgatty, co wskazuje na możliwe pochodzenie tych izolatów z różnych źródeł. AmpNaTe był często spotykanym wzorem oporności na antybiotyki wśród tych izolatów.

Tabela 4.4 Wskaźnik MAR i wzór oporu *E. coli* (n = 75) izolatów ze stacji 2 (Bolgatty)

Wskaźnik MAR	Wzór oporu	częstotliwość występowania
1	AmpCtxCxCpdCazCtrCxmCipCCot GenNaSTeTr	1.33
0.8	AmpCtxCxCpdCxmCCipCotNaSTeTr	1.33
0.66	AmpCxCpdCCotGenNaSTeTr	1.33
0.6	AmpCCipCotGenNaSTeTr	1.33

0.53	AmpCxCpdCipCotGenNaTe	1.33
0.46	AmpCipCotNaSTeTr	1.33
0.46	AmpCxCpd CipNa STe	1.33
0.46	AmpCCotGenNaSTe	1.33
0.4	AmpCipCotNaTeTr	2.66
0.4	AmpCxCpdCipNaTe	1.33
0.4	AmpCipCotGenNaTe	1.33
0.4	AmpCxCpdCotNaTr	1.33
0.4	AmpCxCpdNaSTe	1.33
0.33	AmpCipCotTeTr	1.33
0.33	AmpCxCpdCotTr	1.33
0.26	AmpCxCGen	1.33
0.26	AmpNaSTe	1.33
0.26	AmpCipCotTr	2.66
0.26	AmpCtxCxS	1.33
0.26	AmpCipNaTe	1.33
0.26	AmpCxCotTr	1.33
0.2	AmpCotTr	2.66
0.2	CotTeTr	1.33
0.2	AmpNaTe	4
0.2	CotTeTr	1.33
0.2	CotNaTe	1.33

4.5.2.3 Wskaźnik MAR i wzorce odporności izolatów *E. coli* ze stacji 3 (Off Marine Science Jetty)

Prawie 9% izolatów ze stacji 3 wykazało oporność na więcej niż pięć antybiotyków, a 20% izolatów wykazało oporność na trzy lub więcej antybiotyków.

Indeks MAR i wzór rezystancji izolatów *E. coli* ze stacji 3 podano w tabeli 4.5. Wskaźnik MAR wahał się od 0,2 do 0,8. Występowało umiarkowane zróżnicowanie wzorców oporu wśród izolatów *E. coli* ze stacji 3. Podobnie jak w przypadku izolatów ze stacji 2, AmpNaTe był często spotykanym wzorem oporności na antybiotyki wśród izolatów ze stacji 3.

Tabela 4.5 Indeks MAR i wzór oporu *E. coli* (n = 69) izolaty ze stacji 3 (Off Marine Science Jetty)

Wskaźnik MAR	Wzór oporu	częstotliwość występowania
0.8	AmpCxCpdCtrCipCCotGenNaSTeTr	1.44
0.66	AmpCtxCxCpdCipCotNaSTeTr	1.44
0.6	AmpCtxCxCpdCazCtrCxmSTe	1.44
0.53	AmpCxCpdCxmNaSTeTr	1.44
0.4	AmpCxCpdCxmCotTr	1.44
0.4	AmpCipCotNaSTr	1.44
0.33	AmpCxCpdSTe	1.44
0.33	AmpCxCpdNaTe	1.44
0.33	AmpCotSTeTr	1.44
0.26	AmpCxCpdTe	1.44
0.26	CotSTeTr	1.44
0.26	AmpCxCotTr	1.44
0.26	AmpCtxCxCip	1.44
0.26	AmpCxCpdNa	1.44
0.2	AmpNaTe	4.34
0.2	AmpCxCpd	1.44
0.2	AmpCxCxm	1.44
0.2	AmpSTe	1.44
0.2	STeTr	2.89
0.2	AmpCxTe	1.44
0.2	NaTeTr	1.44
0.2	CipNaTe	1.44
0.2	AmpCxGen	1.44

4.5.2.4 Wskaźnik MAR i wzorce rezystancji izolatów *E. coli* ze stacji 4 (Thevara)

Około 12% i 18% izolatów ze stacji 4 wykazało oporność odpowiednio na więcej niż 5 i 3 antybiotyki. Indeks MAR i wzór rezystancji izolatów *E. coli* ze stacji 4 podano w tabeli 4.6. Wskaźnik MAR wahał się od 0,2 do 0,6. Niewielkie zróżnicowanie wśród wzorców oporu wśród izolatów *E. coli* ze stacji 4. AmpCxCpd był często spotykanym wzorem oporności na antybiotyki wśród izolatów ze stacji 4.

Tabela 4.6 Wskaźnik MAR i wzór oporności izolatów *E. coli* (n = 49) ze stacji 4 (Thevara)

Wskaźnik MAR	**Wzór oporu**	**częstotliwość występowania**
0.6	AmpCxCpdCxmCipCotNaTeTr	2.04
0.46	AmpCipCotNaSTeTr	2.04
0.46	AmpCxCpdCxmCipNaTe	2.04
0.4	AmpCipCotNaTeTr	2.04
0.4	AmpCxmCotSTeTr	2.04
0.4	AmpCtxCxCotTeTr	2.04
0.26	AmpCotNaTr	2.04
0.26	CotNaTeTr	2.04
0.26	AmpCxCpdNa	2.04
0.2	AmpCotTr	2.04
0.2	CotTeTr	2.04
0.2	NaTeTr	2.04
0.2	NaGenTe	2.04
0.2	AmpCxCpd	4.08

4.5.2.5 Wskaźnik MAR i wzorce rezystancji izolatów *E. coli* ze stacji 5 (Barmouth)

Około 12% i 20% izolatów ze stacji 5 wykazało oporność odpowiednio na więcej niż 5 i 3 antybiotyki. Indeks MAR i wzór rezystancji izolatów *E. coli* ze stacji 5 podano w tabeli 4.7. Wskaźnik MAR wahał się od 0,2 do 0,73. Występowało niewielkie zróżnicowanie wzorów oporu wśród izolatów *E. coli* ze stacji 5. NaSTe był często spotykanym wzorem oporności na antybiotyki wśród izolatów ze stacji 5.

Tabela 4.7 Wskaźnik MAR i wzór oporności izolatów *E. coli* (n = 60) ze stacji 5 (Barmouth)

Wskaźnik MAR	Wzór oporu	częstotliwość występowania
0.73	AmpCtxCxCpdCazCtrCxmCCotSTr	1.66
0.53	AmpCxCpdCCotNaTeTr	1.66
0.46	AmpCxCpdCotNaTeTr	1.66
0.46	AmpCxCipCotNaTeTr	1.66
0.46	AmpCtxCxCpdCazCtrCxm	1.66
0.4	AmpCipCotNaTeTr	1.66
0.4	AmpCotCipNaTeTr	1.66
0.33	AmpCotNaTeTr	3.33
0.33	AmpCxCpd Ctr Na	1.66
0.26	CotNaTeTr	1.66
0.26	AmpCxCpdNa	1.66
0.26	AmpCotTeTr	5
0.2	CotTeTr	6.66
0.2	NaSTe	8.33
0.2	AmpCxCpd	5
0.2	Amp CxNa	1.66

4.6 Dyskusja

4.6.1 Oporność na antybiotyki izolatów *E. coli* z ujścia Cochina

Stwierdzono, że oporność na badane antybiotyki różni się w zależności od szczepu, choć łącznie wykazywały one oporność na wszystkie antybiotyki. Spośród różnych badanych antybiotyków oporność na ampicylinę była stosunkowo częsta (43%) w porównaniu z innymi. Tylko 1,3% izolatów było odpornych na ceftazydim.

Izolaty *E. coli* z ujścia Cochina wykazywały większą odporność na ampicylinę, a następnie na tetracyklinę i kwas nalidyksowy. Podobne wartości wysokiej oporności zaobserwowano u wielu pracowników *E. coli* wyizolowanych z próbek wody (Talukdar *i in.*, 2013; Olaniran *i in.*, 2009). W niniejszym badaniu oporność na ampicylinę stwierdzono u 43% *E. coli*, co jest zgodne z wynikami Su *i wsp.*, (2012). Natomiast Mataseje *i in.*, (2009) oraz Henriques *i in.*, (2006), którzy zgłaszali oporność na ampicylinę u 97% i 100% izolatów *E. coli*. Ponadto, bardzo wysoki procent odporności na chloramfenikol, tetracyklinę, streptomycynę, trimetoprim i ko-trimoksazol został wykryty w *E. coli* wyizolowanej z rzeki (Su *i in.*, 2012) i ścieków (Garcia-Aljaro *i in.*, 2009). Jednak izolaty z ujścia Cochina były w większości wrażliwe na chloramfenikol, który jest ważną klasą antybiotyków. Koczura *i wsp.*, (2012) podali, że szczepy *E. coli* rodzące integrony wyizolowane z rzeki w Polsce wykazują większą odporność na streptomycynę, ko-trimoksazol, trimetoprim i chloramfenikol. Poprzednie badania wykazały bardzo niski odsetek oporności na ampicylinę, tetracyklinę, streptomycynę i sulfonamidy w *E. coli* wyizolowanej z wody i osadów irygacyjnych (Roe *i in.*, 2003) i wód powierzchniowych (Dolejska *i in.*, 2009) w porównaniu z naszymi wynikami. Jest to całkiem możliwe, ponieważ selektywne ciśnienie dla odpornych szczepów różni się znacznie w różnych miejscach geograficznych.

Umiarkowany odsetek oporności na ko-trimoksazol (19%) wśród izolatów *E. coli* z ujścia Cochina jest zbliżony do poprzednio stwierdzanej u izolatów *E. coli* pochodzących z wody (Korzeniewska *i in.*, 2013; Mataseje *i in.*, 2009; Ozgumus *i in.*, 2007). Cefalosporyny, takie jak cefoksityna (21,33%) i cefpodoksym (14,66%) wykazywały umiarkowaną oporność, natomiast cefuroksym (3,66%), cefotaksym (3,33%), ceftriakson (2,33%) i ceftazydym (1,33%) wykazywały najmniejszą oporność wśród *E. coli* izolowanych z ujścia Cochina. Szpitale są głównym źródłem antybiotyków z grupy cefalosporyn w ściekach. Ścieki szpitalne niosą ze sobą również ogromną ilość bakterii opornych na antybiotyki i ich pulę genową. Nasze wyniki różnią się od tych uzyskanych przez Reinthaler *i wsp*., (2003), który stwierdził, że cefalosporyny (cefotaksym i ceftazydym) oraz aminoglikozydy były w 100% skuteczne dla *E. coli* wyizolowanej ze ścieków w trzech różnych oczyszczalniach. Wiele badań wykazało, że izolaty *E. coli* z rzeki były wrażliwe na cefalosporyny (Su *i in*., 2012; Olaniran *i in*., 2009). Koczura *i wsp*., (2012) podali, że szczepy *E. coli* przenoszące cząstki integronowe wyizolowane z rzeki w Polsce wykazują mniejszą odporność na cefotaksym, cefuroksym i ceftazydym. Wyniki naszych wskazań, najniższa oporność na ceftazydym (1,33%), podobna do obserwacji Mokracka *i in.,* (2012), Dolejska *i in*., (2009) oraz Henriques *i in*., (2006). Mataseje *i in*., (2009) oraz Roe *i in*., (2003) podali również niski poziom oporności na ceftriakson wśród *E. coli* wyizolowanych z wody. Korzeniewska *i in*., (2013) podali podobne wartości oporności dla chloramfenikolu i ko-trimoksazolu oraz wyższe dla cefotaksymu, ceftazydyny i gentamycyny w *E. coli* izolowanej z wody rzecznej. Ozgumus *et al*., (2007) zgłosiło również niższą odporność na chloramfenikol w *E. coli* wyizolowanej z wód wodociągowych i źródlanych w regionie przybrzeżnym. Koczura *i in*., (2012) podali również, że szczepy *E. coli* przenoszące cząstki integronowe wyizolowane z rzeki w Polsce wykazują mniejszą odporność na chloramfenikol.

Interesujący jest fakt, że izolaty odzyskane z ujścia Cochina wykazywały ogólnie niski poziom oporności na gentamycynę, chloramfenikol, cefuroksym, cefotaksym, ceftriakson i ceftazydym, a wartości te były niższe niż wcześniej zgłoszone dla *E. coli* ze środowiska (Sahoo *i in*., 2012). Niski poziom oporności izolatów *E. coli* dla gentamycyny, chloramfenikolu, cefotaksymu i ceftriaksonu (2-4%) zidentyfikowanych w naszym badaniu jest podobny do tych, które były wcześniej zgłaszane w niediarrheagennych *E. coli* wyizolowanych z różnych źródeł wody (Batabyal *i in*., 2013). Nasze wyniki dotyczące oporności *E. coli* na gentamycynę i cefotaksym również są podobne do tych podawanych wcześniej w przypadku *E. coli* wyizolowanej z różnych źródeł zaopatrzenia w wodę w Kaszmirze, w Indiach (Rather *et al*., 2013). Podobnie, niski poziom oporności izolatów *E. coli* na cefuroksym, cefotaksym i ceftazydym obserwowany w naszych badaniach jest podobny do obserwowanego wcześniej u *E. coli* izolowanych ze ścieków (Garcia-Aljaro *i in*., 2009).

Prawie 10% naszych izolatów *E. coli* z ujścia było odporne na cyprofloksacynę. Goni-Urriza *i wsp*., (2000) badali oporność na antybiotyki populacji bakterii słodkowodnych odzyskanych z rzeki Arga (Hiszpania) i stwierdzili, że izolaty należące do *Enterobacteriaceae* były oporne na kwas nalidyksowy, tetracyklinę i β-laktamy oraz wrażliwe na chinolony. Mokracka *i wsp*., (2012) podali, że izolaty należące do *Enterobacteriaceae* wykazywały wyższą oporność na ampicylinę, cyprofloksacynę, ko-trimoksazol, chloramfenikol, trimetoprim i tetracyklinę.

W niniejszym badaniu stwierdzono, że ponad 57% izolatów *E. coli* było opornych na co najmniej jeden z 15 badanych antybiotyków, a 42% tych izolatów było wielolekoopornych, określonych jako oporne na trzy lub antybiotyki. Talukdar *i in*., (2013) stwierdzili, że około 49% izolatów było wielolekoopornych.

Poprzednie badania z naszej grupy badawczej również wykazały wysoką częstość występowania oporności na antybiotyki u izolatów *E. coli* z tego samego regionu, chociaż poziomy oporności były wyższe od tych uzyskanych w niniejszym badaniu (Chandran *i in*., 2008). Wśród antybiotyków stwierdzono wysoką oporność na kanamycynę (85%), tetracyklinę (83%) i streptomycynę (80%). Najmniejsze oporności wykryto na gentamycynę (14%) i chloramfenikol (10%). Kilka ciekawych zależności pojawiło się, gdy wyniki naszych badań zostały porównane z wynikami poprzednich badań prowadzonych przez naszego badacza w tym samym obszarze badań.

Większość izolatów *E. coli* wykazywała ogólnie niski procent oporności na chloramfenikol, cyprofloksacynę, gentamycynę, streptomycynę i tetracyklinę, a wartości te są niższe niż wcześniej zgłoszone przez nasze grupy badawcze ($F = 14,9$, $p = 0,000$). Może to wskazywać na ograniczenie stosowania tych antybiotyków w ciągu ostatnich 10 lat. Izolaty *E. coli* z dwóch okresów badawczych wykazujące oporność na ampicylinę i kwas nalidiksowy były statystycznie istotne ($p < 0,05$). Wszystkie inne antybiotyki, takie jak chloramfenikol, cyprofloksacyna, gentamycyna, streptomycyna i tetracyklina wykazywały istotną różnicę ($p > 0,05$) w ciągu dwóch badań.

Dochodzimy do wniosku, że wysoka częstość występowania oporności wielolekowej wykrytej w stacjach w pobliżu Cochin City budzi niepokój, ponieważ w obrębie społeczności istnieje duży rezerwuar genów oporności na antybiotyki, a geny oporności i zakodowane w plazmidach geny wirulentne były łatwo przenoszone na inne szczepy. Bezkrytyczne stosowanie antybiotyków w klinice, jak również w weterynarii i rolnictwie powoduje wzrost pozostałości antybiotyków w środowisku. Dlatego też stosowanie antybiotyków powinno być ograniczone do leczenia chorób inwazyjnych i nie powinno być stosowane w przypadku chorób nieskomplikowanych i do celów rolniczych. Powinien istnieć ścisły nadzór nad odprowadzaniem odpadów do zbiorników wodnych.

Rozdział 5

Częstość występowania genów oporności na antybiotyki w izolatach *Escherichia coli* z ujścia Cochina

5.1 Wprowadzenie

E. coli, dominujący beztlen fakultatywny w jelicie i ważny patogen ludzki, może być głównym rezerwuarem determinantów oporności na antybiotyki na plazmidy koniugatywne. Narastający problem pojawienia się bakterii opornych na antybiotyki i ich opornych genów staje się poważnym globalnym problemem zdrowotnym (Levy, 2002). Geny oporności na antybiotyki mogą być rozprzestrzeniane na mobilnych elementach genetycznych, takich jak plazmidy, transpozony i integrony. Bakterie przenoszące integrony mogą przenosić geny oporności na antybiotyki ze zwierząt na zwierzęta, a także na ludzi. Wiele kaset genów integronów zawiera geny oporności na antybiotyki i tym samym odgrywa ważną rolę w rozprzestrzenianiu się genów oporności na antybiotyki oraz w rozwoju oporności wielolekowej. Rozprzestrzenianie się genów oporności na antybiotyki obecnych w jednostkach przenoszenia genów i rozprzestrzenianie się bakterii wieloopornych w przyrodzie może mieć konsekwencje dla zdrowia ludzkiego i rozwoju mikroorganizmów środowiskowych (Martinez, 2009). Oporność na antybiotyki może rozwijać się poprzez mutacje w chromosomalnym DNA lub poziomy transfer genów elementów ruchomych.

Geny opornościowe przenoszone przez bakterie komensalne w środowisku mają znaczenie kliniczne, ponieważ oporne szczepy prawdopodobnie pochodzą z naturalnego środowiska. Następnie są one przenoszone do środowiska klinicznego przez wypływy nosicieli, takich jak mikrobiota, zdrowych ludzi pod wybiórczym ciśnieniem antybiotykowym. Istnieje coraz więcej dowodów na to, że środowisko naturalne odgrywa rolę w rozprzestrzenianiu się oporności na antybiotyki wśród szczepów patogennych. Podniesiono wiele kwestii dotyczących wpływu uwalniania antybiotyków i bakterii opornych na antybiotyki na środowisko lub na zdrowie ludzi i zwierząt (Aminov, 2010). Rozprzestrzenianie się w środowisku wodnym, zwłaszcza w źródłach wody pitnej, bakterii wieloopornych, takich jak *E. coli,* jest również zagrożeniem dla zdrowia ludzkiego. Łańcuch pokarmowy odbywa się prawdopodobnie także w tranzycie całek z otoczenia do człowieka. Rzeczywiście, bakterie będące siedliskiem integronów zostały odzyskane z różnych wodnych organizmów żywych, takich jak krewetki, a *Enterobacter cloacae jest* siedliskiem *integronów klasy 1* (Gillings *i in*., 2009). Wszystkie te wyniki podkreślają powiązanie, *poprzez* łańcuch pokarmowy, pomiędzy integrami środowiskowymi a integrami ludzkimi lub zwierzęcymi.

5.2 Przegląd literatury

5.2.1 Geny oporności na antybiotyki

5.2.1.1 TEM

Pierwsza β-laktamaza z plazmidem w gram-ujemnikach, TEM-1, została opisana na początku lat 60-tych XX wieku. Enzym TEM-1 został pierwotnie znaleziony w pojedynczym szczepie *E. coli* wyizolowanym z hodowli krwi pacjenta o imieniu Temoniera w Grecji, stąd nazwa TEM

(Medeiros, 1984). TEM-1 jest najczęściej spotykaną β-laktamazą u bakterii Gram-ujemnych. Aż do 90% oporności ampicyliny w *E. coli wynika z* produkcji TEM-1 (Livermore, 1995). TEM-1 jest w stanie hydrolizować penicyliny i wczesne cefalosporyny, takie jak cefalotyna i cefalorydynę. TEM-2, pierwsza pochodna TEM-1, miała pojedynczy podstawnik aminokwasowy z oryginalnej β-laktamazy. TEM, SHV i CTX-M to 3 główne rodziny opisanych ESBL. Podczas gdy TEM i SHV ESBL powstają przez podstawienie w strategicznie ułożonych aminokwasach z naturalnej wąskopasmowej TEM-1/-2 lub β-laktamazy SHV-1, wszystkie warianty CTX-M wykazują fenotyp ESBL (Gniadkowski, 2008).

W wielu badaniach odnotowano występowanie genu *blaTEM* w środowisku wodnym (Korzeniewska *i in.*, 2013; Korzeniewska i Harnish, 2013; Hamelin *i in.*, 2006; Henriques *i in.*, 2006).

5.2.1.2 *blaCTX-M*

W ostatnich latach pojawiła się nowa rodzina ESBL z plazmidem o nazwie CTX-M, która preferencyjnie hydrolizuje cefotaksym. Enzymy te nie są bardzo ściśle związane z TEM lub SHV. Najczęstszą przyczyną odporności na β-laktamy jest produkcja β-laktamaz o rozszerzonym spektrum działania (ESBL), zwłaszcza typu CTX-M (Pitout, 2012). CTX-M ESBLs (odporne na cefotaksym i ceftriakson oraz zwykle podatne na ceftazydym) stanowią szybko rozwijającą się grupę. Obecnie istnieje ponad 40 unikalnych β-laktamaz typu CTX-M, które są podzielone na pięć grup (grupa CTX-M-1, CTX-M-2, CTX-M-8, CTX-M-9 i CTX-M- 25) (Maska, 2004).

Gen *blaCTX-M* został zidentyfikowany jako dominujący genotyp ESBL w osadach ściekowych (Ojer-Usoz *i in.*, 2014; Reinthaler *i in.*, 2010) i wodach rekreacyjnych (Blaak *i in.*, 2014).

5.2.1.3 Geny odporności na tetracykliny (*tetA* i *tetB*)

Geny *tetyczne* znajdują się w różnych bakteriach izolowanych od ludzi, zwierząt i środowiska. Większość genów *tet jest* związana z elementami koniugacyjnymi lub mobilnymi, co może częściowo tłumaczyć ich szerokie rozpowszechnienie wśród gatunków bakterii (Recchia i Hall, 1995). Różne geny *tetyczne* dają odporność na te mechanizmy. Spośród czterdziestu odkrytych dotychczas genów oporności na tetracykliny (Thaker *i in.*, 2010), geny związane z mechanizmem odpływu, a mianowicie *tet(A)*, tet(*B)*, tet(*C)*, tet*(D)* i *tet(E),* nadają oporność na tetracykliny u *Escherichia* spp. Większość genów oporności na tetracykliny stwierdzono na elementach ruchomych, plazmidach lub transpozonach. Poprzednie badania *E. coli* wyizolowanej z próbek surowego mięsa również wykazały podobną częstość występowania i wzór ekspresji genu *tet* (Soufi *i in.*, 2009; Van *i in.*, 2008). Występowanie każdego genu *tet* może być związane z różnymi wzorcami stosowania antybiotyków, ze względu na współselekcję. Stwierdzono, że długotrwałe stosowanie tetracykliny wybiera się nie tylko dla bakterii odpornych na tetracyklinę, ale także dla wielu odpornych szczepów, ponieważ geny tetracykliny są obecne w tych samych mobilnych elementach, co inne geny odporności (Levy, 1992). Wiadomo, że geny *tet(A)* i *tet(B) znajdują się* na plazmidach koniugatywnych z różnych grup niezgodności.

5.2.1.4 Geny odporności na sulfonamidy (*sul1* i *sul2*)

Oporność na sulfonamid w pałeczkach Gram-ujemnych powstaje na ogół w wyniku nabycia genów *sul1*, *sul2* lub *sul3*, kodujących formy docelowej syntazy dihydropteroatu, które nie są hamowane przez lek (Perreten i Boerlin, 2003). Gen *sul1* został wykryty jako część 3′ odcinka zachowawczego (3′-CS) klasy 1 integronów, które są najczęściej wykrywanymi integronami w *Enterobacteriaceae* (Carattoli, 2001). Gen *sul2* jest zwykle zlokalizowany na małych, nieporuszających się lub dużych zakaźnych plazmidach wieloopornościowych, często połączonych z parą genów oporności na streptomycynę *strA-strB*. Gen *sul3* został opisany jako organizacja genetyczna *qacH-IS440-sul3* (Perreten i Boerlin, 2003), czasami również powiązana z nieklasycznymi klasami 1 integronów, którym brakuje 3'-CS. Geny oporności na sulfonamidy mogą być przenoszone z bakterii komensalnych, *poprzez* integrony, transpozony lub plazmidy, do bardziej zjadliwych bakterii w jelicie ludzkim (Guerra *i in.*, 2003).

Poprzednie badania wykazały występowanie genów *sul* w środowisku wodnym (Gao *i in.*, 2012; Su *i in.*, 2012; Dolejska *i in.*, 2009; Hu *i in.*, 2008; Hamelin *i in.*, 2006).

5.2.1.5 Geny odporności na trimetoprim (*dhfrIa* i *dhfrVII*)

Oporność na trymetoprim z plazmidem została po raz pierwszy opisana w 1972 roku i jest spowodowana nieallelicznymi i mało wrażliwymi na leki wariantami chromosomalnego DHFR (Fleming *i in.*, 1972). Geny niektórych z tych enzymów mogą być tymczasowo umieszczone na chromosomie dzięki ruchowi transpozonów, ale nadal są określane jako plazmidowe lub przenośne DHFR-y.

Pojawienie się genów oporności na trimetoprim wśród bakterii chorobotwórczych jest bardzo prawdopodobne ze względu na rekrutację genów metabolicznych z niezidentyfikowanych organizmów poprzez horyzontalną wymianę genetyczną. Poprzednie badania zgłaszały występowanie genów *dhfr* u zwierząt, od których lub z których pozyskuje się żywność (Smith *i in.*, 2010; Marynard *i in.*, 2003).

5.2.1.6 Geny odporności Quinolone

W *Enterobacteriaceae* oporność chinolonu jest spowodowana głównie przez mutacje punktowe w regionie określającym oporność chinolonu (QRDR) genów gyrozy (*gyrA* i *gyrB)* oraz topoizomerazy (*parC* i *parE*)

(Veldman *i in.*, 2011). Jednakże pojawienie się oporności na chinolon wspomagany plazmidem (PMQR) jest zgłaszane od 1998 r. (Martinez-Martinez *et al.*, 1998). Chociaż te determinanty PMQR nadają niską oporność na chinolony, stanowią one korzystne tło dla wyboru dodatkowych mechanizmów oporności na chinolony kodowane chromosomem. Powodem jest to, że obecność pojedynczej mutacji w QRDR *gyrA* zazwyczaj powoduje wysoki poziom odporności na kwas nalidiksynowy, ale aby uzyskać wysoki poziom odporności na fluorochinolony, wymagana jest obecność dodatkowej mutacji(-ów) w *gyrA* i/lub w innym celu, takim jak *parC* (Ruiz *i in.*, 2002).

Topoizomerazy DNA II (gyrase) i IV są niezbędne do replikacji bakterii poprzez kontrolowanie supercoilingu DNA i podziału chromosomów. Składają się one z dwóch podjednostek A i B, kodowanych odpowiednio przez *gyrA* i *gyrB* (gyraza DNA) oraz *parC* i *parE* (topoizomeraza IV). W przypadku *E. coli* dominującymi mechanizmami oporności są polimorfizmy jednonukleotydowe (SNP) w niewielkim regionie *gyrA*, w związku z czym są one oznaczone jako region określający oporność chinolonu (QRDR). Mutacje w *gyrB mają* mniejsze znaczenie, natomiast mutacje w *parC* są przede wszystkim odpowiedzialne za odporność na chinolon u bakterii Gram-dodatnich (Munoz i de la Campa, 1996).

5.2.1.7 Geny odporności na aminoglikozydy

Oporność na aminoglikozydy u *Enterobacteriaceae wynika na* ogół z inaktywacji enzymatycznej, w której pośredniczą 3 różne klasy enzymów modyfikujących aminoglikozydy (AME): acetylotransferazy, nukleotydylotransferazy i fosfotransferazy. Ostatnio opisano nowy mechanizm odporności na aminoglikozydy, który polega na zabezpieczeniu rybosomalnym poprzez enzymatyczną metylację specyficznych pozostałości w obrębie 16S rRNA (utrudniające wiązanie leków z podjednostkami rybosomalnymi 30S). Te 16S rRNA-metylazy (ArmA, RmtA, RmtB, RmtC,

RmtD, RmtF, RmtG i NpmA) nadają wysoki poziom odporności na aminoglikozydy i mogą być mobilizowane wśród różnych gatunków (Bueno *i in., 2013*; Hidalgo *i in.*, 2013).

5.2.1.8 Geny odporności na chloramfenikol (kat. *1*)

Oporność na chloramfenikol wynika z inaktywacji leku za pośrednictwem acetylotransferaz chloramfenikolu (CAT), które mają strukturę trimeryczną złożoną z identycznych podjednostek (Shaw, 1983). Istnieje kilka typów genów *kota* o różnych sekwencjach kwasu nukleinowego, a powstałe w ich wyniku enzymy CAT mają różne struktury. Poprzednie badania wykazały występowanie genów *kotów* wśród zwierząt, od których lub z których pozyskuje się żywność (Van *i in.*, 2008; Marynard *i in.*, 2003) oraz na plaży (Hamelin *i in.*, 2006).

5.2.1.9 Liczby *całkowite klasy 1*

Integrony są elementami genetycznymi o zmiennej długości, które zawierają 5' zakonserwowany gen integracyjny (*int*), kasety genowe z innymi genami oporności na antybiotyki oraz miejsce integracji kasety genowej, *attI*. Do tej pory stwierdzono, że z kasetami genów opornościowych związane są cztery klasy liczb całkowitych (klasy 1, 2, 3 i 4). Wśród wieloopornych bakterii Gram-ujemnych najczęściej występują *integrony klasy 1* i zidentyfikowano ponad 100 kaset genów nadających oporność (Fluit i Schmitz, 2004). Integrony są jednym z głównych typów mobilnych elementów, o których wiadomo, że biorą udział w wychwytywaniu, mobilizacji i rozprzestrzenianiu się genów oporności na antybiotyki, występujących u bakterii Gram-ujemnych. Są to platformy genetyczne, które są odpowiedzialne za integrację i rearanżację determinantów oporności zwanych kasetami genowymi (Mazel, 2006).

Stwierdzono, że oporność wielolekową wśród *Enterobacteriaceae wiąże* się z obecnością *integronów klasy* *1* (Leverstein-van Hall *i in.* , 2003).

Rzeczywiście, *klasy 1 integrony* są najbardziej powszechne w znanych regionach wielooporowych, które są modularnymi, mozaikowymi strukturami składającymi się z różnych kombinacji mobilnych komponentów, takich jak integrony, sekwencje wstawiania i transpozony z rodzin *Tn3* i *Tn5053* (Partridge, 2011). Klasa *1* i/lub klasa *2 liczby całkowite* zostały zgłoszone w środowiskach wodnych (Roe *i in.*, 2003).

5.3 Cele

1) Analiza występowania różnych genów oporności antybiotykowej u izolatów *E. coli* z pięciu różnych stacji w ujściu Cochina.
2) Analiza występowania różnych genów oporności na antybiotyki w izolatach *E. coli* z ujścia rzeki.
3) Zbadanie występowania całek *klasy 1* w izolatach *E. coli* z estuarium.
4) Identyfikacja występowania genów oporności na antybiotyki i *całek integronów* w izolatach A, B1, B2 i D *E. coli* z ujścia rzeki.

5.4 Materiały i metody

W niniejszej pracy badano łącznie 300 izolatów *E. coli* pochodzenia estuarynowego, 100 *E. coli* pochodzenia klinicznego i 100 *E. coli* pochodzenia morskiego na obecność różnych genów oporności antybiotykowej.

5.4.1 Izolacja DNA od *E. coli*

DNA z genomu bakteryjnego zostało pobrane w sposób opisany w pkt. 2.4.6.1.

5.4.2 Izolacja plazmidowego DNA od *E. coli*

Plazmidowe DNA z genomu bakteryjnego pobrano metodą SDS: midipreparation (Sambrook i Russel, 2006). Plazmidowe DNA otrzymane w wyniku sekwencyjnej ekstrakcji fenolu-chloroformu i chloroformu-izoamylu zostało wytrącone przez dodanie 600 μl izopropanolu, a plazmidowe DNA zostało zawieszone w 100 μl buforu TE (10 mM Tris-HCl, 1 mM EDTA-pH 7.5) zawierającego 20 μg/ml wolnej od DNazy A (GeNeiTM, Indie). DNA plazmidowe zostało sprawdzone pod kątem czystości poprzez elektroforezę w żelu agarozowym.

5.4.3 Wykrywanie genów opornych na antybiotyki metodą PCR

Spłonki stosowane do wykrywania genów opornych na antybiotyki są wymienione w tabeli 5.1.

Tabela 5.1 Analizowane geny i wykaz primerów wykorzystywanych do wykrywania genów opornych na antybiotyki

Badane geny	Sekwencja podkładu (5′ - 3′)		Odniesienie
	Do przodu	**Odwrotny**	
Beta-laktamy			
blaTEM	gagtattcaacattttcgt	accaatgcttaatcagtga	Marynard *i in.*, (2003)
blaCTX-M	cgatgtgcagtaccagtaa	ttagtgaccagaatcagcgg	Batchelor *i in.*, (2005)
Tetracyklina			
tet(A)	gtgaaacccaacataccc c	gaaggcaagcaggatgtag	Marynard *i in.*, (2003)
tet(B)	ccttatcatgccagtctgc	actgccgtttttttcgcc	Marynard *i in.*, (2003)
Gentamicin			
afA2	gaacaagatggattgacgc	gcttcagcaatcacgg	Marynard *i in.*, (2003)
Streptomycyna			
strA	cctggtgataacggcaattc	ccaatcgcagatagaaggc	Rosengren *et al.*, (2009)
Trimethoprim			
dhfrIa	gtgaaactatcactaatgg	ttaacccttttgccagattt	Navia *et al.*, (2003)
dhfrVII	ttgaaaatttcattgattg	ttagcctttttccaaatct	Navia *et al.*, (2003)
Sulfonamid			
sul1	ttcggcattctgaatctcac	atgatctaaccctcggtctc	Marynard *i in.*, (2003)
sul2	cggcatcgtcaacataacc	gtgtgcggatgaagtcagtcag	Marynard *i in.*, (2003)
Fenikol			
catI	agttgctcaatgtacctata	ttgtaattcattaagcattctc	Marynard *i in.*,

	acc	tgcc	(2003)
Integratory 1			
intI	cctcccgcacgatgatc	tccacgcatcgtcaggc	Kraft *i in*., (1986)
Zintegrowane regiony zmienne			
intI CS	ggcatccaagcagcaa g	aagcagacttgacctga	Levesque *i in*., (1995).

5.4.3.1 Wykrywanie genu *blaTEM*

Obecność genu *blaTEM* wykryto przy użyciu opisanej wcześniej metody PCR (Marynard *i in*., 2003). Zoptymalizowany protokół został przeprowadzony przy użyciu mieszaniny PCR 25 µl zawierającej 2,5 mM MgCl2, 1X bufor Taq (Tris (pH 9,0) w temperaturze 25 °C, KCl i Triton X-100), 2,5 mM każdy z mieszaniny dNTP, 1 pmol/µl każdego z primerów, 1 U polimerazy Taq (GeNeiTM, Indie) i 1 µg wzorca DNA. Amplifikacji dokonano za pomocą Bio-Rad MJ Mini Thermal cycler (BioRad, USA) zaprogramowanego na 1 cykl 5 min w temperaturze 94 °C; 30 cykli 30 s w temperaturze 94 °C, 30 s w temperaturze 50 °C, 1,5 min w 72 °C; 1 cykl 5 min w 72 °C. Produkty PCR były następnie poddawane elektroforezie na 1,5% żelu agarozowym (Hi-Media, Indie), barwione bromkiem etydyny (GeNeiTM, Indie) i wizualizowane przez system dokumentacji żelowej (BioRad Gel DocTM EZ Imager, USA).

5.4.3.2 Wykrywanie genu *bla $_{CTX\text{-}M}$*

Zoptymalizowany protokół został przeprowadzony z użyciem mieszaniny PCR 25 µl zawierającej 2,5 mM MgCl2, 2,5 µl buforu Taq (Tris (pH 9,0) w temperaturze 25 °C, KCl i Triton X-100), 2,5 mM każdy z mieszaniny dNTP, 1 pmol/µl każdego z primerów, 1 U polimerazy Taq (GeNeiTM, Indie) i 1 µl wzorca DNA. Amplifikacji dokonano za pomocą Bio-Rad MJ Mini Thermal cycler (BioRad, USA) zaprogramowanego na 1 cykl 5 min w 94 °C; 30 cykli 30 s w 94 °C, 30 s w 60 °C, 1,5 min w 72 °C; 1 cykl 5 min w 72 °C (Batchelor *i in.*, 2005). Produkty PCR zostały następnie poddane elektroforezie przy użyciu 1,5% żelu agarozowego zawierającego bromek etydyny (GeNeiTM, Indie) oraz wizualizacji przez Gel Documentation System (BioRad Gel DocTM EZ Imager, USA).

5.4.3.3 Wykrywanie genu *tetA* i *tetB*

Obecność genów *tet* została wykryta przy użyciu metody PCR opisanej przez Marynarda *i wsp.*, (2003). Zoptymalizowany protokół został przeprowadzony z użyciem mieszaniny PCR 20 µl zawierającej 1,5 mM MgCl2, 1x bufor Taq (Tris (pH 9,0) w temperaturze 25°C, KCl i Triton X-100), 2,5 mM każdy z mieszaniny dNTP, 1 pmol/µl każdy z primerów, 1 U polimerazy Taq (GeNeiTM, Indie) i 1 µg wzorca DNA. Amplifikacji dokonano za pomocą Bio-Rad MJ Mini Thermal cycler (BioRad, USA) zaprogramowanego na 1 cykl 5 min w temperaturze 94 °C; 30 cykli 30 s w temperaturze 94 °C, 30 s w temperaturze 50 °C, 1,5 min w 72 °C; 1 cykl 5 min w 72 °C. Amplifikowane produkty PCR oddzielano za pomocą 1,5% żelu agarozowego (Hi-Media, Indie), barwiono bromkiem etydyny (GeNeiTM, Indie) i wizualizowano za pomocą Gel Documentation System (BioRad Gel DocTM EZ Imager, USA).

5.4.3.4 Wykrywanie genu *sul1* i *sul2*

Obecność genów *sul1* i *sul2* wykryto metodą PCR opisaną przez Marynarda *i wsp.*, (2003). Amplifikacji dokonano za pomocą Bio-Rad MJ Mini Thermal cycler (BioRad, USA) zaprogramowanego na 1 cykl 5 min w temperaturze 94 °C; 30 cykli 30 s w temperaturze 94 °C, 30 s w temperaturze 50 °C, 1,5 min w 72 °C; 1 cykl 5 min w 72 °C. Produkty PCR były następnie poddawane elektroforezie przy użyciu 1,5% żelu agarozowego (Hi-Media, Indie), barwione bromkiem etydyny (GeNeiTM,

Indie) i wizualizowane przez system dokumentacji żelowej (BioRad Gel DocTM EZ Imager, USA).

5.4.3.5 Wykrywanie genu *dhfrIa i dhfrVII*

Zoptymalizowany protokół został przeprowadzony z użyciem mieszaniny PCR 20 µl zawierającej 1,5 mM MgCl2, 1x bufor Taq (Tris (pH 9,0) w temperaturze 25 °C, KCl i Triton X-100), 2,5 mM każdy z mieszaniny dNTP, 1 pmol/µl każdego z primerów, 1 U polimerazy Taq (GeNeiTM, Indie) i 1 µg wzorca DNA. Program składał się z 30 cykli; 1 min denaturacji (94 °C), 1 min wyżarzania (55 °C) i 1 min wydłużenia (72 °C) oraz końcowego wydłużenia o 10 min w 72 °C (Navia *et al.*, 2003). Produkty PCR były następnie poddawane elektroforezie przy użyciu 1,5% żelu agarozowego (HiMedia, Indie), barwione bromkiem etydyny (GeNeiTM, Indie) i wizualizowane przez system dokumentacji żelowej (BioRad Gel DocTM EZ Imager, USA).

5.4.3.6 Wykrywanie *strA*

Amplifikacja DNA została przeprowadzona w Bio-Rad MJ Mini Thermal cycler (BioRad, USA) przy użyciu następujących warunków: 5 min w temperaturze 94 °C, następnie 30 cykli w temperaturze 94 °C przez 30 s, 50 °C przez 30 s i 72 °C przez 1,5 min oraz ostateczne przedłużenie w temperaturze 72 °C przez 5 min (Rosengren *i in.*, 2009). Zoptymalizowany protokół został przeprowadzony przy użyciu mieszaniny PCR 25 µl zawierającej 2,5 mM MgCl2, 2,5µl buforu Taq, 2,5 mM każdej z mieszanin dNTP, 25pmol/µl każdego z primerów, 1 U polimerazy Taq i 1µl wzorca DNA. Produkty PCR były następnie poddawane elektroforezie na 1,5% żelu agarozowym (Hi-Media, Indie), barwione bromkiem etydyny (GeNeiTM, Indie) i wizualizowane przez system dokumentacji żelowej (BioRad Gel DocTM EZ Imager, USA).

5.4.3.7 Wykrywanie *afA2*

Amplifikacja DNA została przeprowadzona w Bio-Rad MJ Mini Thermal cycler (BioRad, USA) przy użyciu następujących warunków: 5 min w temperaturze 94 °C, następnie 30 cykli w temperaturze 94 °C przez 30 s, 50 °C przez 30 s i 72 °C przez 1,5 min oraz ostateczne przedłużenie w temperaturze 72 °C przez 5 min (Marynard *i in.*, 2003). Zoptymalizowany protokół został przeprowadzony przy użyciu mieszaniny PCR 25 µl zawierającej 2,5 mM MgCl2, 2,5 µl buforu Taq, 2,5 mM każdy z mieszaniny dNTP, 25 pmol/µl każdy z primerów, 1 U polimerazy Taq i 1 µl szablonu DNA. Produkty PCR były następnie poddawane elektroforezie na 1,5% żelu agarozowym (Hi-Media, Indie), barwione bromkiem etydyny (GeNeiTM, Indie) i wizualizowane przez system dokumentacji żelowej (BioRad Gel DocTM EZ Imager, USA).

5.4.3.8 Wykrywanie kat. *1*

Amplifikacja DNA została przeprowadzona w Bio-Rad MJ Mini Thermal cycler (BioRad, USA) przy użyciu następujących warunków: 5 min w temperaturze 94 °C, następnie 30 cykli w temperaturze 94 °C przez 30 s, 60 °C przez 30 s i 72 °C przez 1,5 min oraz ostateczne przedłużenie w temperaturze 72 °C przez 5 min (Marynard *i in.*, 2003). Zoptymalizowany protokół został przeprowadzony przy użyciu mieszaniny PCR 25 µl zawierającej 2,5 mM MgCl2, 2,5µl buforu Taq, 2,5 mM każdej z mieszanin dNTP, 25pmol/µl każdego z primerów, 1 U polimerazy Taq i 1µl wzorca DNA. Produkty PCR były następnie poddawane elektroforezie na 1,5% żelu agarozowym (Hi-Media, Indie), barwione bromkiem etydyny (GeNeiTM, Indie) i wizualizowane przez system dokumentacji żelowej (BioRad Gel DocTM EZ Imager, USA).

5.4.3.9 Wykrywanie *integracji1*

Warunki PCR dla *genu integracyjnego 1* obejmowały wstępną denaturację w temperaturze 94°C przez 10 minut, następnie 30 cykli denaturacji przez 1 minutę w temperaturze 94°C, wyżarzanie primera przez 1 minutę w temperaturze 55°C i ekstensję przez 2 minuty w temperaturze 72°C oraz końcową ekstensję w temperaturze 72°C przez 10 minut (Kraft *i in.*, 1986). Zoptymalizowany protokół został przeprowadzony z użyciem mieszaniny PCR 20 µl zawierającej 1,5 mM MgCl2, 1x bufor Taq (Tris (pH 9.0) w temperaturze 25 °C, KCl i Triton X-100), 2,5 mM każdy z mieszaniny dNTP, 1 pmol/µl każdego z primerów, 1 U polimerazy Taq (GeNeiTM, Indie) i 1 µg wzorca DNA. Produkty PCR były następnie poddawane elektroforezie na 1,5% żelu agarozowym (Hi-Media, Indie), barwione bromkiem etydyny (GeNeiTM, Indie) i wizualizowane przez system dokumentacji żelowej (BioRad Gel DocTM EZ Imager, USA).

5.4.3.10 Wykrywanie regionów o zmiennych *całkowitych klasy I*

Obecność *regionów o zmiennej całkowitej klasy 1* wykryto metodą PCR opisaną przez Levesque *i in.*, (1995). Zoptymalizowany protokół został przeprowadzony przy użyciu mieszaniny PCR 25 µl zawierającej 2,5 mM MgCl2, 2,5µl buforu Taq, 2,5 mM każdej z mieszanin dNTP, 1pmol/µl każdego z primerów, 1 U polimerazy Taq i 1µl wzorca DNA. Warunki PCR dla *integronów klasy I* obejmowały wstępną denaturację w temperaturze 94 °C przez 10 minut, następnie 30 cykli denaturacji przez 1 minutę w temperaturze 94 °C, wyżarzanie podkładu przez 1 minutę w temperaturze 54 °C i wydłużenie przez 2 minuty w temperaturze 72 °C oraz końcowe wydłużenie w temperaturze 72 °C przez 10 minut. Produkty PCR były następnie poddawane elektroforezie na 1,5% żelu agarozowym, barwione bromkiem etydyny i wizualizowane za pomocą systemu dokumentacji żelowej (BioRad Gel DocTM EZ Imager, USA).

5.4.3.11 Analiza statystyczna

Analizę statystyczną wyników przeprowadzono przy użyciu oprogramowania SPSS 13 (Pakiet Statystyczny dla Nauk Społecznych). Jednodrożna analiza wariancji (ANOVA, Games-Howell) została zastosowana do badania różnic w dystrybucji genów oporności na antybiotyki, wśród *E. coli* z różnych stacji, różnych źródeł i różnych grup filogenetycznych. Porównanie zależności między różnymi genami oporności na antybiotyki przeprowadzono przy użyciu testu współczynnika korelacji Pearsona. Poziom istotności został ustawiony na $\alpha = 0{,}05$.

5.5 Wyniki

5.5.1 Prewalencja genów oporności na antybiotyki wśród izolatów *E. coli* z ujścia Cochina

5.5.1.1 Powszechne występowanie genów oporności na antybiotyki wśród izolatów *E. coli* z ujścia Cochina

Analizowano częstość występowania genów oporności na antybiotyki wśród izolatów *E. coli* z ujścia Cochina. Geny oporności na antybiotyki analizowane w odniesieniu do różnych klas antybiotyków, takich jak β-laktamy, aminoglikozydy, sulfonamidy, trimetoprim, chloramfenikol i tetracykliny. Wyniki przedstawione są w różnych wykresach i tabelach. W ujściu Cochina stwierdzono istotne różnice w rozmieszczeniu różnych genów oporności (ANOVA, p = 0,000). Rysunek 5.1 przedstawia rozkład genów oporności na antybiotyki wśród izolatów *E. coli* z ujścia Cochina.

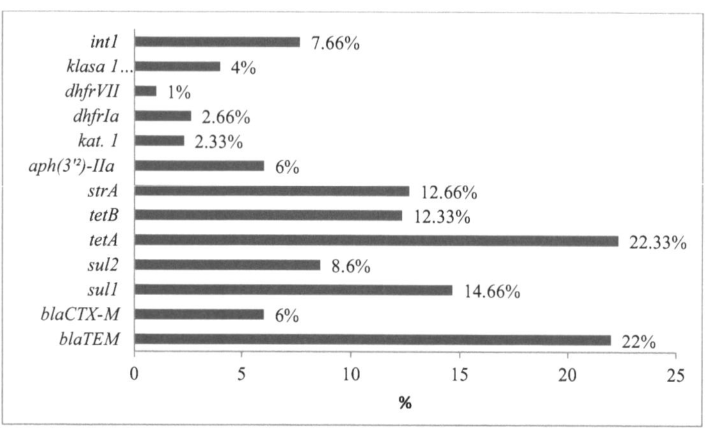

Rys. 5.1 Rozkład genów oporności na antybiotyki wśród *E. coli* izolowanych z ujścia Cochina (n = 300)

5.5.1.1.1 *blaTEM*

Żelowy obraz reprezentatywnych izolatów noszących *blaTEM* jest pokazany na rysunku 5.2. Z 300 *E. coli* wyizolowanych z ujścia Cochina 22% izolatów nosiło gen *blaTEM.* Spośród 129 izolatów odpornych na ampicylinę, 66 (51,66%) zawierało gen *blaTEM.* Analiza Games-Howell wykazała, że procent rozkładu genu *blaTEM* był istotnie wyższy niż *dla blaCTX-M, sul2, aphA2, catl, dhfrla,* ***dhfrVII****, klas 1 integronów* i *intl (*p = < 0,05). Analiza statystyczna wyniku wykazała bardzo istotny związek pomiędzy genem *blaTEM* i *sul1* (p = 0,25).

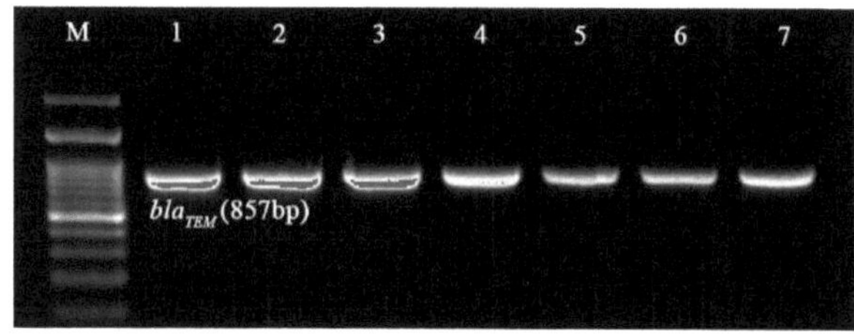

Rysunek 5.2 Obraz żelu przedstawiający występowanie genu *blaTEM* w ampicylinoodpornych izolatach *E. coli*

Pasy ruchu: M, 100 bp Marker. Pasa 1-7, izolaty *E. coli*

5.5.1.1.2 *blaCTXM*

W porównaniu do *blaTEM* występowanie *blaCTX-M* było niskie wśród *E. coli* z ujścia Cochina. Tylko 6% izolatów *E. coli* z ujścia Cochina zawierało gen *blaCTX-M.* Spośród 23 izolatów produkujących ESBL, 18 (78,2%) zawierało gen *blaCTX-M.* Obraz żelowy produktów PCR z reprezentatywnymi izolatami zawierającymi *blaCTX-M* przedstawiono na Rysunek 5.3.

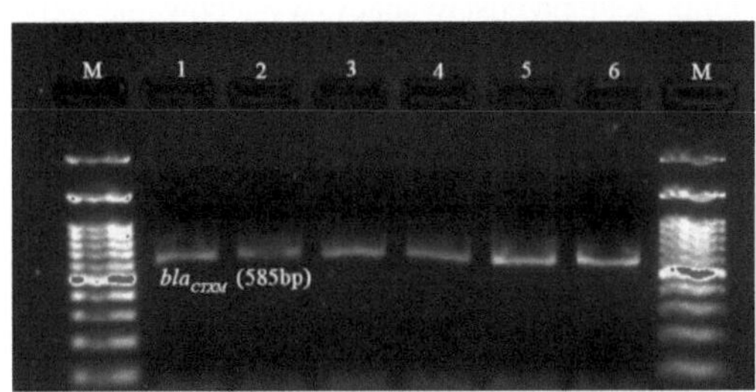

Illustracja 5.3 Obraz **żelowy** przedstawiający występowanie genu *blaCTX-M* w ampicylino-opornych izolatach *E. coli*
Pasy ruchu: M, 100 bp Marker. Pasy 1-6, izolaty *E. coli*

5.5.1.1.3 Geny odporności na sulfonamidy (*sul1* i *sul2*)

Obraz żelowy produktów PCR z reprezentatywnymi izolatami przenoszącymi *geny sul1* i *sul2* przedstawiono na Rysunek 5.4. Spośród 300 *E. coli* wyizolowanych z ujścia Cochina 14,6% i 6% izolatów zawierało odpowiednio *sul1* i *sul2.* Pięćdziesiąt siedem izolatów wykazało fenotyp oporności sulfonamidowej, który został zakodowany przez *sul1* (75,43%), *sul2* (45,61%) i *sul1* + *sul2* (38,59%). Analiza statystyczna wyniku wykazała bardzo istotny związek pomiędzy *sul1* a *sul2* (p = 0,20). Ponadto stwierdzono istotny związek pomiędzy genami oporności sulfonamidowej a *strA* i *genem integracyjnym 1* (p < 0,05).

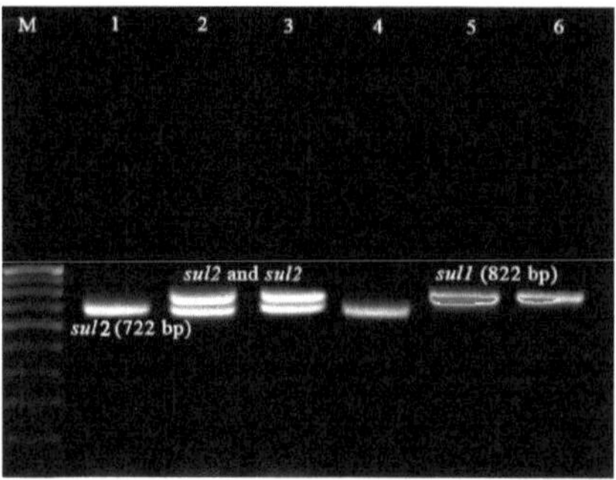

Rysunek 5.4 Obraz żelu przedstawiający występowanie genu *sul1 i sul2* w izolatach *E. coli*

Pasy ruchu: M, 100 bp drabinka; Lane 1-6, izolaty *E. coli*

5.5.1.1.4 Geny odporne na trimetoprim (*dhfrla* i *dhfrVII)*

Z 300 *E. coli* wyizolowanych z ujścia Cochina 2,6% i 1% izolatów zawierało odpowiednio *dhfrla* i *dhfrVII.* Wśród 57 opornych na trimetoprim izolatów *E. coli, dhfrla stwierdzono* u 8 (14,03%) izolatów, a *dhfrVII* u 3 (5,26%) izolatów. Rysunek 5.5 przedstawia obraz żelowy produktów PCR z reprezentatywnymi izolatami przenoszącymi *dhfrla* i *dhfrVII.*

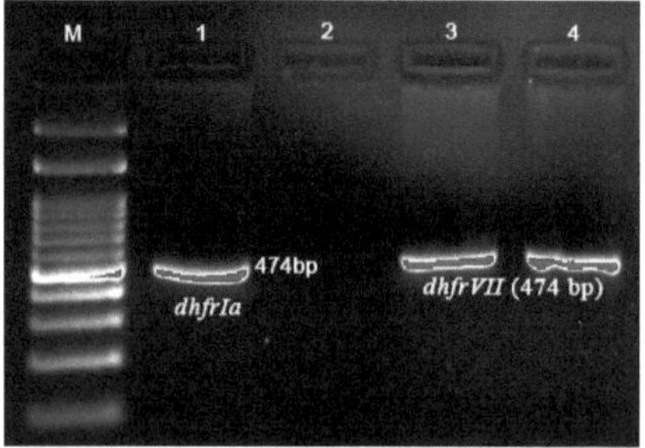

Rysunek 5.5 Obraz **żelu** przedstawiający występowanie genu *dhfrla* i *dhfrVII* w izolatach *E. coli*

Pasy ruchu: M, 100 bp Marker. Pasa 1-4, izolaty *E. coli*

5.5.1.1.5 Geny odporności na tetracykliny (*tetA* i *tetB*)

Spośród 300 izolatów *E. coli* 22,33% i 12,33% izolatów zawierało odpowiednio *tetA* i *tetB. W* odniesieniu do 91 izolatów odpornych na tetracykliny, oporność była mediowana przez *tetA*, *tetB* i *tetA* + *tetB* odpowiednio w 67 (73,62%), 37 (40,65%) i 33 (36,26%) izolatach. Rysunek 5.6 przedstawia obraz żelowy produktów PCR z reprezentatywnymi izolatami przenoszącymi geny *tetA* i *tetB*. Stwierdzono istotny związek pomiędzy *tetA* i *tetB* (p = 0,016).

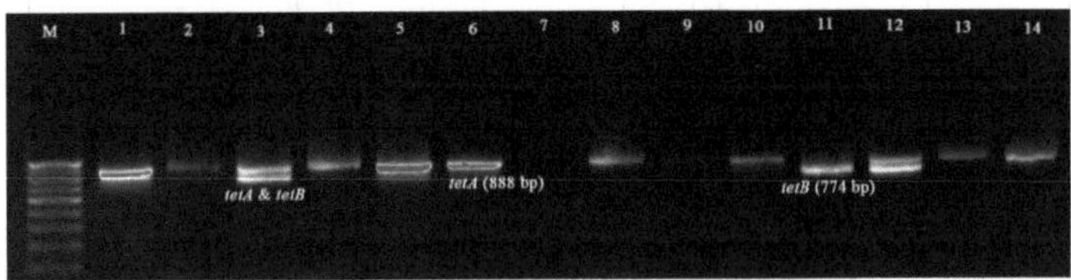

Illustracja 5.6 Obraz żelowy przedstawiający występowanie genu tetA i tetB w izolatach *E. coli*. Pasy ruchu: M, 100 bp Marker. Pas 1-14, szczepy *E. coli*.

5.5.1.1.6 Geny odporności na aminoglikozydy (*strA* i *aphA2*)

Rysunek 5.7 przedstawia obraz żelowy produktów PCR z reprezentatywnymi izolatami przenoszącymi *strA*. Ponad 12% izolatów *E. coli* z ujścia Cochina zawierało gen *strA*. Spośród 47 izolatów odpornych na streptomycynę, 36 (76,59%) z nich zawierało gen *strA*. Istniał istotny związek pomiędzy *strA* z *genem sul1*, *sul2* i *integracją 1* (p < 0,05). Elektroforezę w żelu agarozowym produktów PCR z reprezentatywnymi izolatami przenoszącymi *aphA2* przedstawiono na rysunku 5.8. Sześć procent izolatów *E. coli* z ujścia Cochina zawierało gen *aphA2*. Spośród 13 izolatów opornych na gentamycynę, gen *aphA2* stwierdzono w 11 izolatach (84,61%).

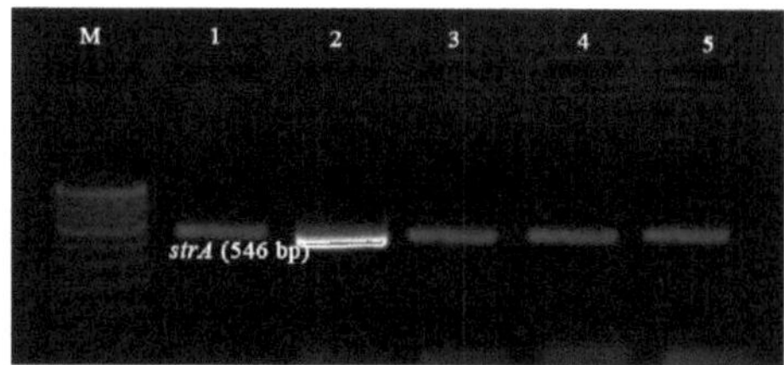

Rysunek 5.7 Obraz żelowy przedstawiający występowanie genu *strA* w izolatach *E. coli*. Pasy ruchu: M, 100 bp Marker. Pasa 1-5, izolaty *E. coli*

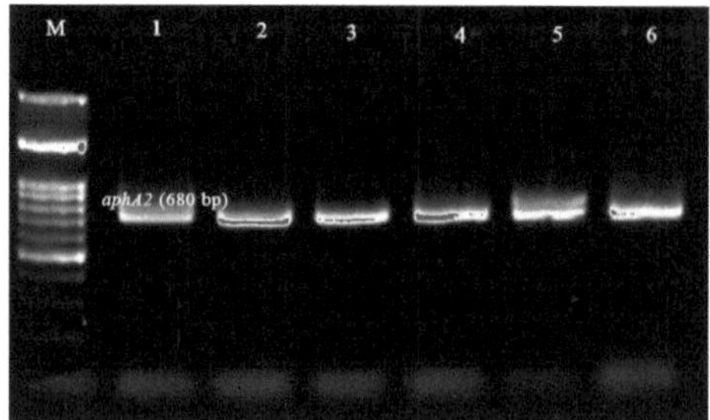

Illustracja 5.8 Obraz żelu przedstawiający występowanie genu *aphA2* w izolatach *E. coli*. Pasy ruchu: M, 100 bp Marker. Pasa 1-6, izolaty *E. coli*

5.5.1.1.7 Gen odporny na chloramfenikol (*catI*)

Z 300 izolatów *E. coli* z ujścia Cochina, 2,33% izolatów nosiło gen *catI*. Siedem z 12 wyizolowanych odpornych na chloramfenikol izolowanych genów zawierało gen kat. *1* (58,33%). Obraz żelowy produktów PCR z reprezentatywnymi izolatami przenoszącymi *kati* przedstawiono na rysunku 5.9.

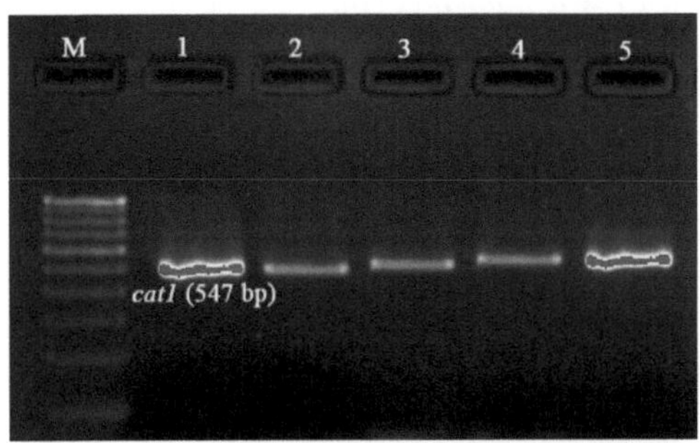

Rysunek 5.9 Obraz żelu przedstawiający występowanie genu *katI* w izolatach *E. coli*. Pasy ruchu: M, 100 bp Marker. Pasa 1-5, izolaty *E. coli*

5.5.1.1.8 *Klasa 1 liczby całkowite* i gen *intI*

W 12 i 23 izolatach zidentyfikowano regiony o zmiennej *integronowej klasy 1* oraz gen integracyjny (*intI*). Rysunek 10 przedstawia obraz żelowy produktów PCR z reprezentatywnymi izolatami przenoszącymi gen *integracyjny 1*. Żelowy obraz produktów PCR z reprezentatywnymi izolatami zawierającymi regiony o zmiennej liczbie *całkowitej klasy 1 przedstawiono na* rysunku 5.11. Istniał istotny związek pomiędzy regionami *klasy 1 o* zmiennej mię*dzygonowej* a genem *integracyjnym 1* ($p < 0,05$). Ponadto stwierdzono istotny związek pomiędzy genem *integrase 1* a genami *sul1*, *sul2* i *strA* ($p < 0,05$).

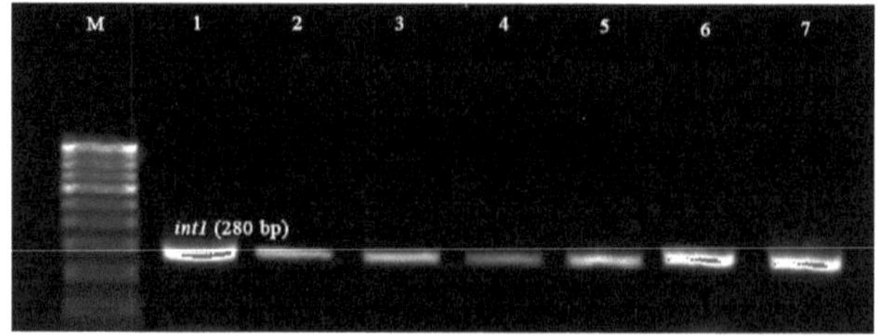

Rysunek 5.10 Obraz żelowy przedstawiający występowanie genu *integrase1* w *izolatach E. coli*
Pasy ruchu: M, 100 bp Marker. Pasa 1-5, izolaty *E. coli*

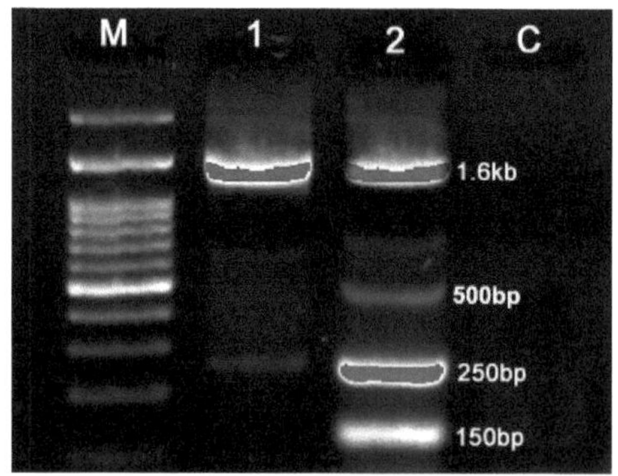

Rysunek 5.11 Obraz **żelowy** przedstawiający występowanie regionów *klasy 1* zmiennych całkowitych w izolatach *E. coli*
Pasy ruchu: M, 100 bp drabinka; 1, ES44; 2, ES11; C, kontrola negatywna

5.5.1.2 Częstość występowania genów oporności na antybiotyki wśród różnych grup filogenetycznych izolatów *E. coli* z ujścia Cochina

Wszystkie geny zostały rozmieszczone w 4 różnych grupach filogenetycznych z wyjątkiem genu *dhfr*. Chociaż częstość występowania *dhfrIa* i *dhfrVII w* różnych grupach filogenetycznych była zróżnicowana, to jednak w izolatach z grupy A nie występowała. Wśród izolatów *E. coli* z różnych grup filogenetycznych, szczepy grupy D wykazywały wysoką częstość występowania *blaCTX-M, aph(3)-IIa, catI, klas 1 integronów* i *intI* (rysunek 5.12). Szczepy grupy filogenetycznej A wykazywały najwyższy odsetek występowania dla *sul1, sul2, tetA, tetB* i *strA*. Szczepy grupy filogenetycznej B1 wykazywały najwyższy odsetek występowania dla *dhfrIa* i *dhfrVII*. W grupie filogenetycznej B1 nie stwierdzono obecności genu opornego na cholamphenicol *cat1*. *Nie zaobserwowano* istotnej różnicy w rozmieszczeniu genów oporności wśród różnych grup filogenetycznych (ANOVA, p = 0,783) wśród izolatów *E. coli* z ujścia Cochina.

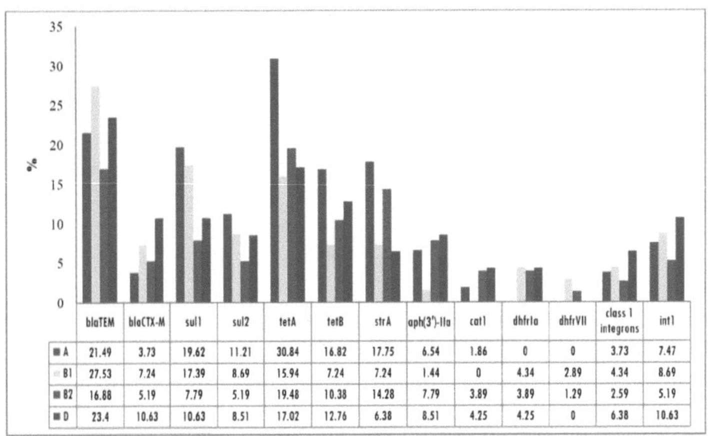

	blaTEM	blaCTX-M	sul1	sul2	tetA	tetB	strA	aph(3')-IIa	cat1	dhfrIa	dhfrVII	class 1 integrons	int1
A	21.49	3.73	19.62	11.21	30.84	16.82	17.75	6.54	1.86	0	0	3.73	7.47
B1	27.53	7.24	17.39	8.69	15.94	7.24	7.24	1.44	0	4.34	2.89	4.34	8.69
B2	16.88	5.19	7.79	5.19	19.48	10.38	14.28	7.79	3.89	3.89	1.29	2.59	5.19
D	23.4	10.63	10.63	8.51	17.02	12.76	6.38	8.51	4.25	4.25	0	6.38	10.63

Rys. 5.12 Procentowe występowanie genów oporności na antybiotyki wśród różnych grup filogenetycznych izolatów *E. coli* z ujścia Cochina (n = 300).

5.5.1.3 Występowanie genów oporności na antybiotyki wśród izolatów *E. coli* ze stacji 1 (Chitoor, n = 47)

Nie stwierdzono istotnych różnic w rozmieszczeniu różnych genów oporności na antybiotyki wśród *E. coli* ze stacji 1 (ANOVA, p = 0,234). Z 47 *E. coli* wyizolowanych z Chitoor, 17,02% izolatów nosiło gen *blaTEM.* Spośród 13 izolatów odpornych na ampicylinę, 8 (61,53%) zawierało gen *blaTEM.* Sześć procent izolatów *E. coli* zawierało gen *blaCTX-M.* Spośród 4 izolatów wytwarzających ESBL, 3 (75%) zawierały gen *blaCTX-M.* Około 6% i 4% izolatów nosiło odpowiednio geny *sul1* i *sul2*. Trzy izolaty wykazały fenotyp oporności sulfonamidowej, który został zakodowany przez *sul1* (3 , 100%), *sul2* (2, 66,66%) i *sul1* + *sul2* (2, 66,66%). Wśród *E. coli* z tej stacji nie wykryto genów odporności na trimetoprim, takich jak *dhfrIa* i *dhfrVII*. Geny oporności tetracyklinowej (*tetA* i *tetB*), w których zgromadzono izolaty, wynosiły odpowiednio 8,51% i 2,12%. W odniesieniu do 5 izolatów odpornych na tetracykliny, oporność była mediowana przez *tetA*, *tetB* i *tetA* + *tetB* odpowiednio w 4 (80%), 1 (20%) i 1 (20%) izolatach. Prawie 13% i 7% izolatów zawierało geny *strA* i *aphA2*. Wykryto pięć izolatów odpornych na streptomycynę; wszystkie z nich były nośnikami genu *strA*. Gen *aph(3')-IIa* został znaleziony we wszystkich izolatach odpornych na gentamycynę. Około 2% izolatów nosiło gen *catI*. Jeden z dwóch odpornych na chloramfenikol izolowanych genów zawierał gen kat. *1* (58,33%). *Gen integrazy* (*intI*) i regiony *klasy 1 o* zmiennej *integronowej* i zostały zidentyfikowane tylko w jednym izolacie.

5.5.1.3.1 Obecność genów oporności na antybiotyki wśród różnych grup filogenetycznych izolatów *E. coli* ze stacji 1 (Chitoor)

Spośród izolatów *E. coli* z różnych grup filogenetycznych największy odsetek występowania w grupie B2 wykazywały szczepy *blaTEM*, *sul1*, *sul2*, *tetA*, *strA*, *aph(3)-IIa* i *catI*. *dhfrIa*, *klasa 1 integronów* i *intI występowały tylko w* grupie D. *tetB* występował tylko w grupie A. Gen *blaCTX-M* był rozprowadzany tylko w grupie B1 i D (rysunek 5.13). Izolaty grupy B1 zawierały tylko geny *blaTEM* i *blaCTX-M*. Gen *blaTEM* był rozprowadzany pomiędzy 4 różniącymi się grupami filogenetycznymi. W stacji 1 stwierdzono istotną różnicę w rozkładzie genów oporności pomiędzy różnymi grupami filogenetycznymi (ANOVA, p = 0,003). Izolaty z grupy B2 i D posiadają więcej genów oporności niż izolaty z grupy B1, o znaczeniu 0,037 i 0,024

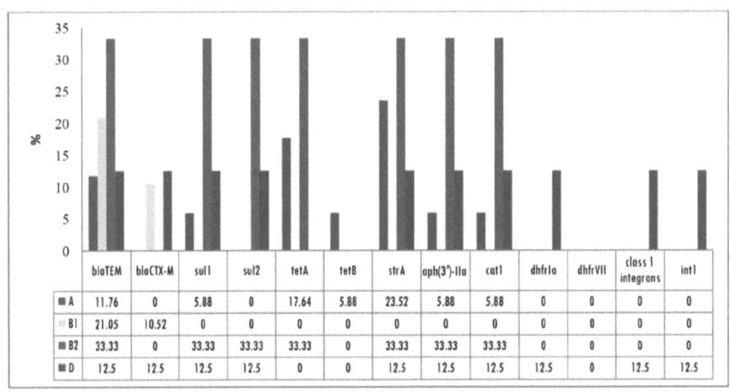

	blaTEM	blaCTX-M	sul1	sul2	tetA	tetB	strA	aph(3')-IIa	cat1	dhfrIa	dhfrVII	class 1 integrons	int1
A	11.76	0	5.88	0	17.64	5.88	23.52	5.88	5.88	0	0	0	0
B1	21.05	10.52	0	0	0	0	0	0	0	0	0	0	0
B2	33.33	0	33.33	33.33	33.33	0	33.33	33.33	33.33	0	0	0	0
D	12.5	12.5	12.5	12.5	0	0	12.5	12.5	12.5	12.5	0	12.5	12.5

Rys. 5.13 Procentowe występowanie genów oporności na antybiotyki wśród różnych grup filogenetycznych izolatów *E. coli* ze stacji 1 (Chitoor).

5.5.1.4 Występowanie genów oporności na antybiotyki wśród izolatów *E. coli* ze stacji 2 (Bolgatty, n = 75))

Szczepy *E. coli* wyizolowane ze stacji 2 zawierały wszystkie 13 badanych genów oporności. Istniała istotna różnica w rozmieszczeniu różnych genów oporności na antybiotyki w stacji 2 (ANOVA, p = 0,000).

Z 75 izolatów, 28% z nich nosiło gen *blaTEM.* Spośród 39 izolatów odpornych na ampicylinę, 21 (53,84%) zawierało gen *blaTEM.* Ponad 5% izolatów było nosicielami genu *blaCTX-M. Spośród* 5 izolatów wytwarzających ESBL, 4 (80%) zawierały gen *blaCTX-M.* Ponad 17% i 9% izolatów nosiło odpowiednio geny *sul1* i *sul2.* Dwadzieścia dwa izolaty wykazały fenotyp oporności sulfonamidowej, który został zakodowany przez *sul1* *(*13 , 59,09%), *sul2* (7, 31,81%) oraz *sul1* + *sul2* (5, 22,72%). Spośród 75 izolatów, 2,66% i 1,33% izolatów nosiło odpowiednio geny *dhfrIa* i *dhfrVII.* Wśród 18 opornych na trimetoprim izolatów *E. coli*, *dhfrIa stwierdzono* u 2 (33,33%) izolatów, a *dhfrVII* u 1 (5,55%) izolatów. Około 24% i 16% izolatów nosiło odpowiednio geny *tetA* i *tetB.* W odniesieniu do 26 izolatów odpornych na tetracykliny, oporność była mediowana przez *tetA*, *tetB* i *tetA* + *tetB* odpowiednio w 18 (69,23%), 12 (46,15%) i 12 (46,15%) izolatach. Około 13% i 9% izolatów nosiło odpowiednio *strA* i *aphA2*. Wykryto jedenaście izolatów odpornych na streptomycynę, z których 10 (90,9%) zawierało gen *strA*. Gen *aph(3)-IIa* został znaleziony we wszystkich siedmiu izolatach odpornych na gentamycynę. Prawie 3% wyizolowanych genów nosicieli *kota1*. Dwa z 6 odpornych na chloramfenikol izolatów zawierały gen kat. *1* (33,33%). Więcej niż 6% i 2% izolatów utajonych w regionach o zmiennej integrującej geny klasy *1* i *klasy 1*.

5.5.1.4.1 Obecność genów oporności na antybiotyki wśród różnych grup filogenetycznych izolatów *E. coli* ze stacji 2 (Bolgatty)

Geny oporności na antybiotyki, takie jak *blaTEM*, *sul1*, *sul2* i *tetA* zostały rozmieszczone we wszystkich 4 grupach filogenetycznych (rysunek 5.14). Spośród izolatów *E. coli* z różnych grup filogenetycznych, szczepy z grupy A wykazywały najwyższy odsetek występowania dla *blaTEM*, *sul1*, *sul2*, *tetA*, *strA* i *aph(3)-IIa*. Izolaty *Cat1*, *dhfrIa*, *dhfrVII klasy 1* i *int1* były nieobecne w izolatach grupy A. Szczepy z grupy B2 wykazywały najwyższy odsetek występowania dla kat. *1*, *dhfrIa*, *dhfrVII* i *całek klasy 1*. W stacji 2 nie stwierdzono istotnej różnicy w rozkładzie genów oporności pomiędzy różnymi grupami filogenetycznymi (ANOVA, p = 0,180).

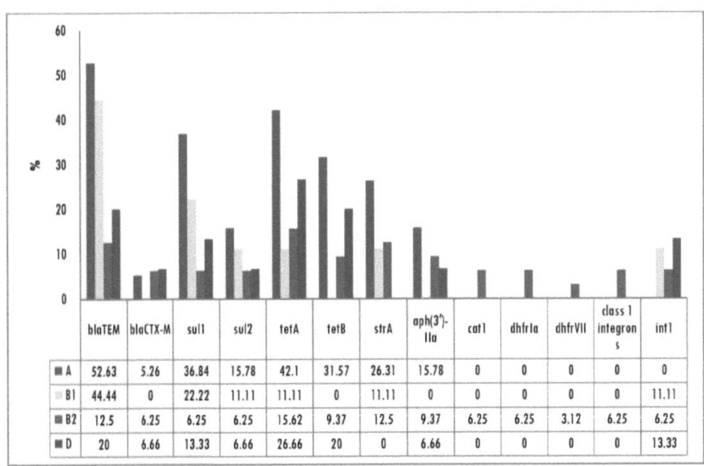

	blaTEM	blaCTX-M	sul1	sul2	tetA	tetB	strA	aph(3')-IIa	cat1	dhfrIa	dhfrVII	class 1 integrons	int1
A	52.63	5.26	36.84	15.78	42.1	31.57	26.31	15.78	0	0	0	0	0
B1	44.44	0	22.22	11.11	11.11	0	11.11	0	0	0	0	0	11.11
B2	12.5	6.25	6.25	6.25	15.62	9.37	12.5	9.37	6.25	6.25	3.12	6.25	6.25
D	20	6.66	13.33	6.66	26.66	20	0	6.66	0	0	0	0	13.33

Rys. 5.14 Procentowe występowanie genów oporności na antybiotyki wśród różnych grup filogenetycznych izolatów *E. coli* ze stacji 2 (Bolgatty).

5.5.1.5 Występowanie genów oporności na antybiotyki wśród izolatów *E. coli* ze stacji 3 (Off Marine Science Jetty, n = 69)

Stwierdzono istotną różnicę w rozmieszczeniu różnych genów oporności na antybiotyki w stacji 3 (ANOVA, p = 0,000). Izoluje ze stacji 3, posiada znacznie więcej genu *blaCTX-M* niż inne geny, takie jak kat. *1* i *dhfrVII* (ANOVA, p = 0,49).

Spośród 69 izolatów, 24,63% nosiło gen *blaTEM.* Spośród 29 izolatów odpornych na ampicylinę, 17 (58,62%) zawierało gen *blaTEM.* Prawie 7% izolatów było nosicielami genu *blaCTXM.* Wszystkie sześć izolatów produkujących ESBL zawierało gen *blaCTXM.* Więcej niż 8% i 5% izolatów zawierało odpowiednio *sul1* i *sul2.* Siedem izolatów wykazało fenotyp oporności sulfonamidowej, który został zakodowany przez *sul1* (6, 85,71%), *sul2* (4, 57,14%), oraz *sul1 + sul2 (2*, 28,57%). Wśród 10 odpornych na trimetoprim izolatów *E. coli dhfrla* stwierdzono u 1 (10%) izolatów. Około 8% i 11% izolatów *E. coli zawiera* odpowiednio *tetA* i *tetB. W* przypadku 22 izolatów opornych na tetracykliny, oporność była mediowana przez *tetA*, *tetB* i *tetA* + *tetB* odpowiednio w 6 (27,27%), 8 (36,36%) i 8 (36,36%) izolatach. Prawie 17% i 5% izolatów *E. coli zawiera* odpowiednio *strA* i *aphA2*. Wykryto osiemnaście izolatów odpornych na streptomycynę, z których 11 (66,66%) zawierało gen *strA*. Gen *aph(3)-IIa* został wykryty w 1 izolacie (33,33%) z 3 izolatów opornych na gentamycynę. *Nie* wykryt o odpornego na choramfenikol genu *catI w E. coli* wyizolowanej ze stacji 3. *klasy 1* regionów o zmiennej integronowej oraz genu integracyjnego (*intI*) odpowiednio w 2 i 7 izolatach.

5.5.1.5.1 Występowanie genów oporności na antybiotyki wśród różnych grup filogenetycznych izolatów *E. coli* ze stacji 3 (Off Marine Science Jetty)

Geny oporności na antybiotyki, takie jak *blaTEM*, *blaCTX-M*, *strA* i *tetA*, zostały rozmieszczone w 4 różnych grupach filogenetycznych (rys. 5.15). Spośród izolatów *E. coli* z różnych grup filogenetycznych największy odsetek występowania w grupie B1 wykazały szczepy *blaTEM*, *sulI* i *intI*. Szczepy z grupy A wykazywały najwyższy odsetek występowania *tetA* i *strA*. Geny oporności takie jak, *sul2*, *tetB*, *aph(3)-IIa*, *dhfrIa* i *integrony klasy 1 nie występowały w izolatach* grupy B1. *dhfrIa występowała tylko w* izolatach grupy B2. *integrony klasy 1 występowały* tylko w grupie A i D. W stacji 3 nie stwierdzono istotnej różnicy w rozkładzie genów oporności pomiędzy różnymi grupami filogenetycznymi (ANOVA, p = 0,910).

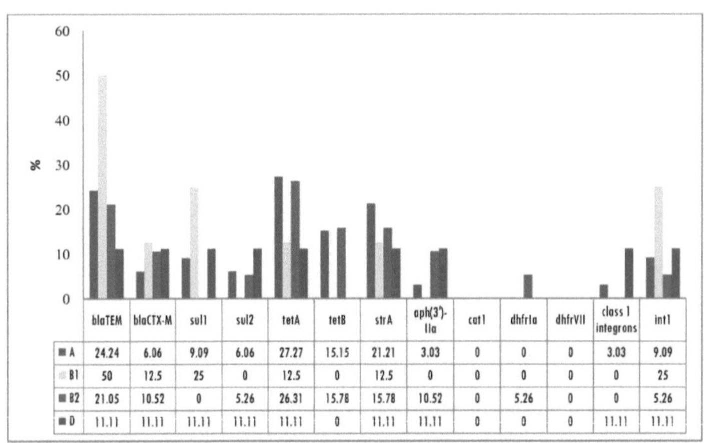

	blaTEM	blaCTX-M	sul1	sul2	tetA	tetB	strA	aph(3')-IIa	cat1	dhfrIa	dhfrVII	class 1 integrons	int1
A	24.24	6.06	9.09	6.06	27.27	15.15	21.21	3.03	0	0	0	3.03	9.09
B1	50	12.5	25	0	12.5	0	12.5	0	0	0	0	0	25
B2	21.05	10.52	0	5.26	26.31	15.78	15.78	10.52	0	5.26	0	0	5.26
D	11.11	11.11	11.11	11.11	11.11	0	11.11	11.11	0	0	0	11.11	11.11

Rys. 5.15 Procentowe występowanie genów oporności na antybiotyki wśród różnych grup filogenetycznych izolatów *E. coli* ze stacji 3 (Off Marine Science Jetty).

5.5.1.6 Występowanie genów oporności na antybiotyki wśród izolatów *E. coli* ze stacji 4 (Thevara, n = 49)

Nie stwierdzono istotnych różnic w rozmieszczeniu różnych genów oporności na antybiotyki w stacji 4 (ANOVA, p = 0. 428). W Thevara, około 10% izolatów nosiło gen *blaTEM*. Spośród 23 izolatów odpornych na ampicylinę, 5 (21,73%) zawierało gen *blaTEM*. Tylko 2% izolatów było nosicielami genu *blaCTXM*. Spośród 5 izolatów wytwarzających ESBL, 1 (20%) zawiera gen *blaCTXM*. Spośród 49 izolatów, 20,4% i 12,24% izolatów nosiło odpowiednio *sul1* i *sul2*. Dziewięć izolatów wykazało fenotyp oporności sulfonamidowej, który został zakodowany przez sul *1* (9, 100%), *sul2* (6, 66,66%), oraz *sul1* + *sul2* (38,59%). Około 6% i 4% izolatów *E. coli* przenosiło odpowiednio *dhfrIa* i *dhfrVII*. Spośród 10 opornych na trimetoprim izolatów *E. coli*, *dhfrIa stwierdzono* u 3 (30%) izolatów, a *dhfrVII* u 2 (20%) izolatów. Geny oporności tetracyklinowej (*tetA* i *tetB*), w których zgromadzono izolaty, wynosiły odpowiednio 18,38% i 14,28%. W odniesieniu do 16 izolatów odpornych na tetracykliny, oporność była mediowana przez *tetA*, *tetB* i *tetA* + *tetB* odpowiednio w 9

(56,25%), 7 (43,75%) i 6 (37,5%) izolatach. Ponad 12% i 4% izolatów nosiło odpowiednio *strA* i *aphA2*. Wykryto siedem izolatów odpornych na streptomycynę, z których 2 (28,57%) zawierało gen *strA*. W genie *aph(3)-IIa* znaleziono wszystkie izolaty oporne na gentamycynę. W izolatach ze stacji 4 nie wykryto odpornego na choramfenikol genu *catI*. W 4 i 5 izolatach zidentyfikowano odpowiednio *integrony klasy* *1* i gen integracyjny (*intI*).

5.5.1.6.1 Obecność genów oporności na antybiotyki wśród różnych grup filogenetycznych izolatów *E. coli* ze stacji 4 (Thevara)

Geny oporności na antybiotyki, takie jak *sulI*, *tetA*, *tetB* i *strA,* zostały rozdzielone pomiędzy grupy filogenetyczne A, B1 i B2 (rysunek 5.16). Spośród izolatów *E. coli* z różnych grup filogenetycznych największy odsetek występowania wykazały szczepy grupy B1 dla *blaTEM*, *blaCTX-M*, *sul2*, *aph(3)-IIa*, *dhfrIa***,** *dhfrVII*, *klasy 1 integronów* i *intI*. Brak było izolatów grupy D dla wszystkich badanych odpornych genów. Izolaty z grupy B2 wykazywały wyższy odsetek występowania dla genu *strA*. Izolaty grupy A wykazywały wyższy odsetek występowania dla genu *tetA*. W stacji 4 wystąpiła istotna różnica w rozkładzie genów oporności pomiędzy różnymi grupami filogenetycznymi (ANOVA, p = 0,000). Izolaty z grupy A posiadają znacznie więcej genów oporności niż izolaty z grupy D (ANOVA, p = 0,045). Izolaty z grupy B1 posiadają więcej genów oporności niż izolaty z grup A, B2 i D, o znaczeniu odpowiednio 0,042, 0,008 i 0,000.

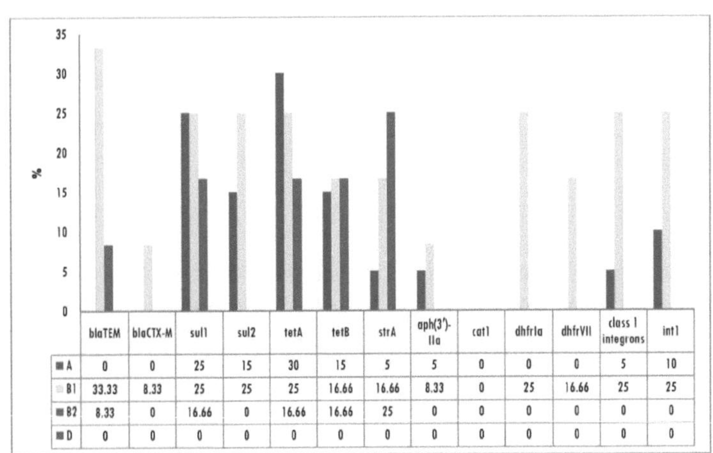

	blaTEM	blaCTX-M	sul1	sul2	tetA	tetB	strA	aph(3')-IIa	cat1	dhfrIa	dhfrVII	class 1 integrons	int1
A	0	0	25	15	30	15	5	5	0	0	0	5	10
B1	33.33	8.33	25	25	25	16.66	16.66	8.33	0	25	16.66	25	25
B2	8.33	0	16.66	0	16.66	16.66	25	0	0	0	0	0	0
D	0	0	0	0	0	0	0	0	0	0	0	0	0

Rys. 5.16 Procentowe występowanie genów oporności na antybiotyki wśród różnych grup filogenetycznych izolatów *E. coli* ze stacji 4 (Thevara).

5.5.1.7 Występowanie genów oporności na antybiotyki wśród izolatów *E. coli* ze stacji 5 (Barmouth n = 60)

Stwierdzono istotną różnicę w rozmieszczeniu różnych genów oporności na antybiotyki w stacji 5 (ANOVA, p = 0,000). Izoluje się ze stacji 5, posiada znacznie więcej genu *tetA* niż *dhfrVII* (ANOVA, p = 0,49). Dwadzieścia pięć procent izolatów *E. coli* nosiło gen *blaTEM.* Spośród 25 izolatów odpornych na ampicylinę, 15 (60%) zawierało gen *blaTEM.* Sześć procent izolatów *E. coli* zawierało gen *blaCTX-M.* Spośród 6 izolatów produkujących ESBL, 4 (66%) zawierały gen *blaCTX-M.* Spośród 60 izolatów, 20% i 11,66% izolatów nosiło odpowiednio *sul1* i *sul2.* Szesnaście izolatów wykazało fenotyp oporności sulfonamidowej, który został zakodowany przez *sul1* (12, 75%), *sul2* (7, 43,75%), oraz *sul1* + *sul2* (7, 43,75%). Spośród 16 opornych na trimetoprim izolatów *E. coli*, *dhfrIa* stwierdzono u 1 (6,25%) izolatów. Około 30% i 15% izolatów zawierało odpowiednio *tetA* i *tetB.* W odniesieniu do 91 izolatów odpornych na tetracykliny, oporność była mediowana przez *tetA*, *tetB* i *tetA* + *tetB* odpowiednio w 18 (81,81%), 9 (40,9%) i 33 (9, 40,9%) izolatach. Około 6%

i 2% izolatów nosiło odpowiednio *strA* i *aphA2*. Wykryto sześć izolatów odpornych na streptomycynę, z których 4 (66,66%) zawierało gen *strA*. Prawie 3% izolatów nosiło gen *kota I*. Wszystkie odporne na chloramfenikol izolowane były w genach *kota1*. W 3 i 5 izolatach zidentyfikowano odpowiednio *integrony klasy 1* i gen integracyjny (*int1*).

5.5.1.7.1 Obecność genów oporności na antybiotyki wśród różnych grup filogenetycznych izolatów *E. coli* ze stacji 5 (Barmouth)

Geny oporności na antybiotyki, takie jak *blaTEM*, *sul1* i *tetA*, zostały rozdzielone na 4 różne grupy filogenetyczne (rys. 5.17). Spośród izolatów *E. coli* z różnych grup filogenetycznych największy odsetek występowania wykazały szczepy z grupy D dla *blaTEM*, *blaCTX-M*, *tetB*, *aph(3)-IIa*, *cat1* i *dhfrIa*. Izolaty grupy A wykazywały wyższy odsetek występowania dla genu *strA*. *Izolaty* grupy A wykazywały wyższy odsetek występowania dla *sul1*, *sul2, tetA*, całek *klasy 1* oraz całek *klasy 1*, *kat1* i *aph(3)-IIa*, występowały tylko w izolatach A i D. W stacji 5 stwierdzono istotną różnicę w rozkładzie genów oporności pomiędzy różnymi grupami filogenetycznymi (ANOVA, p = 0,045).

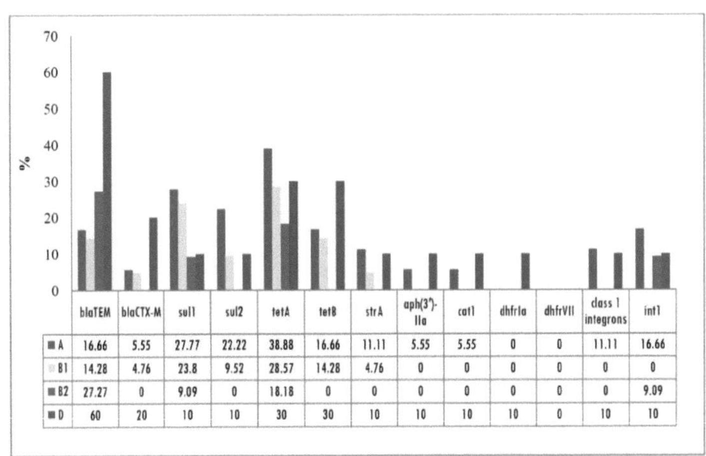

	blaTEM	blaCTX-M	sul1	sul2	tetA	tetB	strA	aph(3')-IIa	cat1	dhfrIa	dhfrVII	class 1 integrons	int1
A	16.66	5.55	27.77	22.22	38.88	16.66	11.11	5.55	5.55	0	0	11.11	16.66
B1	14.28	4.76	23.8	9.52	28.57	14.28	4.76	0	0	0	0	0	0
B2	27.27	0	9.09	0	18.18	0	0	0	0	0	0	0	9.09
D	60	20	10	10	30	30	10	10	10	10	0	10	10

Rys. 5.17 Procentowe występowanie genów oporności na antybiotyki wśród różnych grup filogenetycznych izolatów *E. coli* ze stacji 5 (Barmouth).

5.5.1.8 Przestrzenne zróżnicowanie częstości występowania genów oporności na antybiotyki wśród izolatów *E. coli* z różnych stacji w ujściu Cochina

Tabela 5.2 przedstawia częstość występowania genów oporności na antybiotyki wśród izolatów *E. coli* z różnych stacji przy ujściu Cochina. Izolaty *E. coli* ze stacji 2 wykazywały większą częstość występowania genów oporności na antybiotyki, takich jak *blaTEM, tetBI* i *aphA2*. Podczas gdy izolaty ze stacji 3, wykazywały większą częstość występowania *strA*. Natomiast izolaty *E. coli* ze stacji 4, wykazywały większą częstość występowania genów oporności na sulfonamidy, takich jak *sul1* i *sul2*.

Tabela 5.2 Częstość występowania genów oporności na antybiotyki wśród izolatów *E. coli* z różnych stacji przy ujściu Cochina

Geny oporności na antybiotyki	**Stacja nr***				
	1 (n = 47)	**2 (n = 75)**	**3 (n = 69)**	**4 (n = 49)**	**5 (n = 60)**
blaTEM	17.02	28	24.63	10.2	25
blaCTX-M	6.38	5.33	8.69	2.04	6.66
sul1	6.38	17.33	8.69	20.4	20
sul2	4.25	9.33	5.79	12.24	11.66
tetA	8.51	24	8.69	18.36	30
tetB	2.12	16	11.59	14.28	15
strA	12.76	13.33	17.39	12.24	6.66
aph(3')-IIa	6.38	9.33	5.79	4.08	2.89
kat. 1	2.12	2.66	0	0	2.89
dhfrIa	0	2.66	1.44	6.12	1.66
dhfrVII	0	1.33	0	4.08	0
klasa 1 liczby całkowite	2.12	2.66	2.89	8.16	5
int1	2.12	6.66	10.14	10.2	8.33

*stacja 1, Chitoor; stacja 2, Bolgatty; stacja 3, Off Marine Science Jetty; stacja 4, Thevara; stacja 5, Barmouth.

5.5.1.8.1 Dystrybucja genów oporności na antybiotyki wśród izolatów *E. coli* grupy filogenetycznej "A" z różnych stacji przy ujściu Cochina

Stacja 1, Chitoor i stacja 3, Off Marine Science Jetty wykazały umiarkowany odsetek występowania bakterii *blaTEM, sul1*, *tetA*, *tetB*, *strA* i *aph(3)-IIa* (Rysunek 5.18). Stacja 2, Bolgatty wykazała wyższy odsetek występowania izolatów *blaTEM, sul1*, *tetA*, *tetB*, *strA* i *aph(3)-IIa* wśród izolatów grupy A. Geny oporowe takie jak *blaTEM, blaCTX-M, catI* , *dhfrIa* i *dhfrVII* były nieobecne na stacji 4 (Thevara). Stosunkowo wyższy odsetek występowania *katI*, *sul2*, *klasy 1 integronów* i *int1 zaobserwowano* w stacji 5 w Barmouth. Nie stwierdzono istotnej różnicy w rozmieszczeniu genów opornościowych w izolatach grupy A z różnych stacji (ANOVA, p = 0,602).

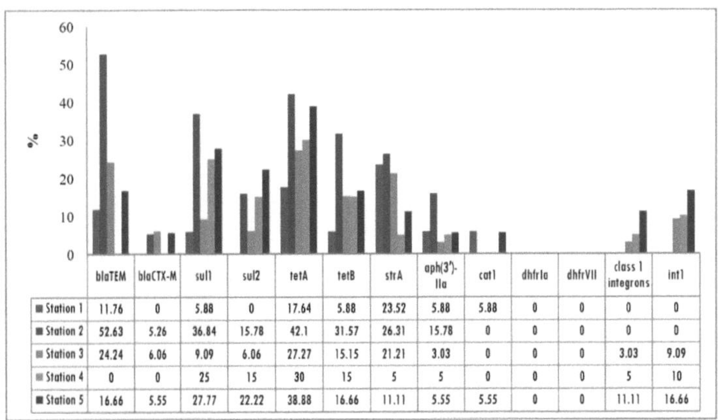

	blaTEM	blaCTX-M	sul1	sul2	tetA	tetB	strA	aph(3')-IIa	cat1	dhfrIa	dhfrVII	class 1 integrons	int1
Station 1	11.76	0	5.88	0	17.64	5.88	23.52	5.88	5.88	0	0	0	0
Station 2	52.63	5.26	36.84	15.78	42.1	31.57	26.31	15.78	0	0	0	0	0
Station 3	24.24	6.06	9.09	6.06	27.27	15.15	21.21	3.03	0	0	0	3.03	9.09
Station 4	0	0	25	15	30	15	5	5	0	0	0	5	10
Station 5	16.66	5.55	27.77	22.22	38.88	16.66	11.11	5.55	5.55	0	0	11.11	16.66

Rys. 5.18 Procentowy udział genów oporności na antybiotyki wśród izolatów *E. coli* należał do grupy filogenetycznej "A" z różnych stacji przy ujściu Cochina.

5.5.1.8.2 Rozmieszczenie genów oporności na antybiotyki wśród izolatów *E. coli* grupy filogenetycznej "B1" z różnych stacji przy ujściu Cochina

Izolaty grupy B1 z Chitoor wykazywały umiarkowany odsetek występowania dla *blaTEM* i *blaCTX-M* (rysunek 5.19). Stacja 2 wykazała umiarkowany procent występowania dla *blaTEM, sul1*, *sul2*, *tetA*, *strA* i *int1*. Stacja 3 wykazała najwyższy odsetek występowania dla genu *blaTEM* i *blaCTX-M.* Natomiast procent występowania dla *sul2*, *tetB*, *strA*, *aph(3)-IIa*, *dhfrIa, dhfrVII* i *klas 1 liczb całkowitych* był wysoki na stacji 4. Odsetek występowania genu *tetA* był wysoki wśród *E. coli* ze stacji 5. Wystąpiła istotna różnica w rozmieszczeniu genów opornościowych w izolatach grupy B1 z różnych stacji (ANOVA, $p < 0,001$). Izolaty grupy B1 ze stacji 4 zawierały więcej genów oporności niż inne stacje ($p < 0,05$).

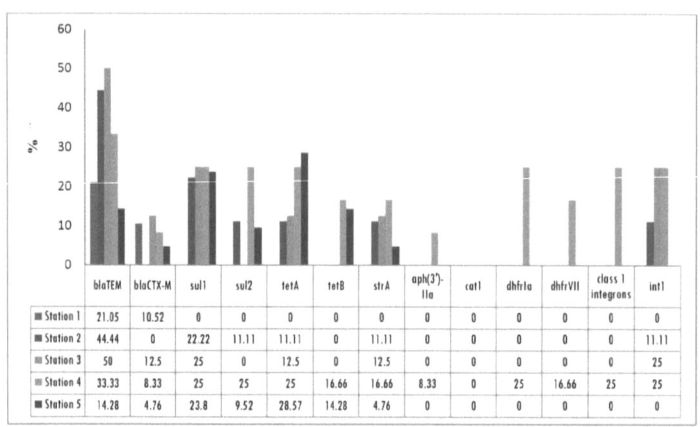

	blaTEM	blaCTX-M	sul1	sul2	tetA	tetB	strA	aph(3')-IIa	cat1	dhfrIa	dhfrVII	class 1 integrons	int1
Station 1	21.05	10.52	0	0	0	0	0	0	0	0	0	0	0
Station 2	44.44	0	22.22	11.11	11.11	0	11.11	0	0	0	0	0	11.11
Station 3	50	12.5	25	0	12.5	0	12.5	0	0	0	0	0	25
Station 4	33.33	8.33	25	25	25	16.66	16.66	8.33	0	25	16.66	25	25
Station 5	14.28	4.76	23.8	9.52	28.57	14.28	4.76	0	0	0	0	0	0

Rysunek 5.19 Procentowe występowanie oporności na antybiotyki wśród izolatów *E. coli* należało do grupy filogenetycznej "B1" z różnych stacji przy ujściu Cochina.

5.5.1.8.3 Rozprzestrzenianie się genów oporności na antybiotyki wśród izolatów *E. coli* z grupy filogenetycznej "B2" z różnych stacji przy ujściu Cochina

Geny oporności takie jak *blaTEM*, *sul1*, *sul2*, *tetA*, *tetB*, *strA*, *aphA2* i *catI* (rysunek 5.20) były często spotykane wśród izolatów grupy B2 ze stacji 1 (Chitoor). Podczas gdy stacja 2 wykazywała umiarkowany procent występowania dla wszystkich genów oporności na antybiotyki, izolaty B2 z stacji 3 również wykazywały podobny poziom występowania dla większości genów oporności na antybiotyki, z wyjątkiem *katI*, *sul1*, *dhfrVII* i całek *klasy 1*. *E. coli* należące do grupy B2 ze stacji 4 i 5 wykazały umiarkowany odsetek występowania odpowiednio dla *blaTEM*, *sul1*, *tetA*, *tetB*, *strA* i *blaTEM*, *sul1*, *tetA*, *int1*. Wystąpiła istotna różnica w rozmieszczeniu genów opornościowych w izolatach grupy B2 z różnych stacji (ANOVA, p < 0,001). Izolaty grupy filogenetycznej B2 ze Stacji 2, Bolgatty były nośnikiem istotnie wyższych genów oporności w porównaniu ze Stacjami 1, 4 i 5 (p < 0,05).

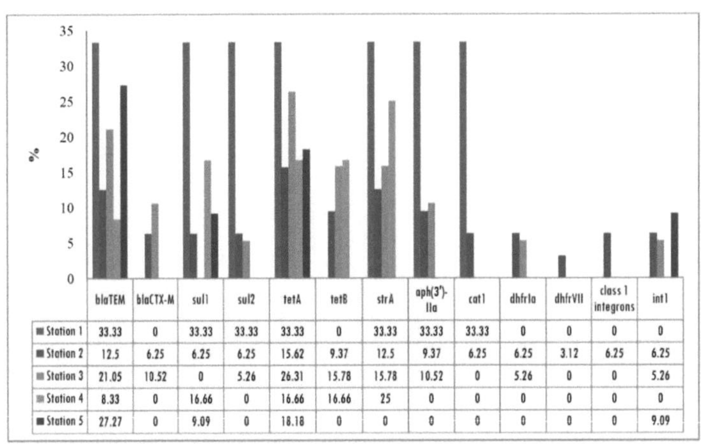

	blaTEM	blaCTX-M	sul1	sul2	tetA	tetB	strA	aph(3')-IIa	cat1	dhfrIa	dhfrVII	class 1 integrons	int1
Station 1	33.33	0	33.33	33.33	33.33	0	33.33	33.33	33.33	0	0	0	0
Station 2	12.5	6.25	6.25	6.25	15.62	9.37	12.5	9.37	6.25	6.25	3.12	6.25	6.25
Station 3	21.05	10.52	0	5.26	26.31	15.78	15.78	10.52	0	5.26	0	0	5.26
Station 4	8.33	0	16.66	0	16.66	16.66	25	0	0	0	0	0	0
Station 5	27.27	0	9.09	0	18.18	0	0	0	0	0	0	0	9.09

Rysunek 5.20 Procentowe występowanie genów oporności na antybiotyki wśród izolatów *E. coli* należało do grupy filogenetycznej "B2" z różnych stacji przy ujściu Cochina.

5.5.1.8.4 Rozmieszczenie genów oporności na antybiotyki wśród izolatów *E. coli* z grupy filogenetycznej "D" z różnych stacji przy ujściu Cochina

Stwierdzono istotną różnicę w rozmieszczeniu genów opornościowych w izolatach grupy D z różnych stacji (ANOVA, $p < 0,001$). Podczas gdy stacja 1 wykazała umiarkowany odsetek występowania większości genów oporności na antybiotyki z wyjątkiem *tetA*, *tetB* i *dhfrVII* (rysunek 5.21), stacje 2 i 3 wykazały umiarkowany odsetek występowania dla genów *blaTEM*, *blaCTX-M*, *sul1*, *sul2*, *tetA*, *aphA2* i *intl*. Izolaty grupy D były nieobecne w stacji 4 (Thevera). Izolaty grupy D ze stacji 5 (Barmouth) zawierały najwyższy procent genów oporowych takich jak *blaTEM*, *blaCTX-M*, *tetA* i *tetB*. Izolaty grupy D ze stacji takich jak Bolgatty i Barmouth zawierały więcej genów oporności niż stacja 4 ($p < 0,05$).

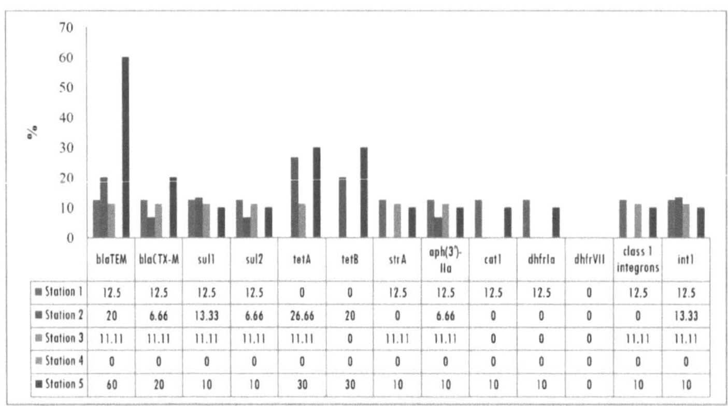

	blaTEM	blaCTX-M	sul1	sul2	tetA	tetB	strA	aph(3')-IIa	cat1	dhfrIa	dhfrVII	class 1 integrons	int1
Station 1	12.5	12.5	12.5	12.5	0	0	12.5	12.5	12.5	12.5	0	12.5	12.5
Station 2	20	6.66	13.33	6.66	26.66	20	0	6.66	0	0	0	0	13.33
Station 3	11.11	11.11	11.11	11.11	11.11	0	11.11	11.11	0	0	0	11.11	11.11
Station 4	0	0	0	0	0	0	0	0	0	0	0	0	0
Station 5	60	20	10	10	30	30	10	10	10	10	0	10	10

Rysunek 5.21 Procentowe występowanie oporności na antybiotyki wśród izolatów *E. coli* należało do grupy filogenetycznej "D" z różnych stacji przy ujściu Cochina.

5.6 Dyskusja

5.6.1 Powszechność występowania genów oporności na antybiotyki wśród izolatów *E. coli* z ujścia Cochina

Łącznie wyizolowano trzysta *E. coli* z ujścia Cochina i przeanalizowano obecność genów antybiotyków. W ujściu Cochina stwierdzono istotne różnice w rozmieszczeniu różnych genów oporności. Częstość występowania genu *blaTEM* była istotnie wyższa niż *blaCTX-M*, *sul2*, *aphA2*, *catI*, *dhfr Ia*, *dhfrVII*, *klasa 1 integronów* i *int1*. Spośród poszczególnych genów największy odsetek występował *tetA* (22,23%), następnie *blaTEM* (22%), *sul1* (14,66%), *strA* (12,66%) i *tetB* (12,33%). Między 5-10% występowało dla *sul 2* (8,6%), *int 1* (7,66%), *blaCTX-M* (6%) i *aphA2* (6%); występowanie *klas 1 integronów*, *dhfrIa*, kat. *1* i *dhfrVII* było mniejsze, odpowiednio o 4%, 2,66%, 2,33% i 1%. Wielokrotne geny kodujące oporność na antybiotyki były często wykrywane zarówno w środowisku płynnym (ścieki, wody powierzchniowe, podziemne, a nawet pitne), jak i stałym (osady, gleba i ziemia) (Munir *i in.*, 2011; Chee-Sanford *i in.*, 2001).

5.6.1.1 *blaTEM*

Spośród 129 izolatów odpornych na ampicylinę, 66 (51,66%) zawierało gen *blaTEM*. Spośród 23 izolatów produkujących ESBL, 18 (78,2%) zawierało gen *blaCTX-M*. Korzeniewska i Harnisz, (2013) przeanalizowali β-laktamazę wytwarzającą *Enterobacteriaceae* w ściekach szpitalnych i stwierdzili, że 54,9% i 11% izolatów nosiło odpowiednio *blaCTX-M* i *blaTEM*. Częstotliwość występowania *blaTEM* wykrytych przez Korzeniewską i Harnisza, (2013) była prawie podobna do naszych wyników. Nasze wyniki wykazały wyższą częstość występowania genu blaTEM niż te uzyskane przez Hamelina *i wsp.*, (2006), który informował o częstości występowania *blaTEM* tylko u 4,9% izolatów *E. coli*. Korzeniewska *i in.*, (2013) przeanalizowali antybiotykooporność *E. coli* w ściekach szpitalnych i komunalnych i stwierdzili mniejszą częstość występowania *blaTEM* (33,6%) i *blaCTX-M* (60,6%) niż my. Henriques *i wsp.* (2006) wykryli geny β-Laktamazy w 77,8% *Enterobacteriaceae*, a także zgłosili, że najczęściej wykrywanym genem był *blaTEM*.

5.6.1.2 *blaCTX-M*

Plazmidy przenoszące geny ESBL są często koniugacyjnymi i lodowymi determinantami oporności na inne niż beta-laktamy, takie jak tetracykliny, chinolony czy aminoglikozydy. Tacao *i in.*, (2012) przeanalizowali zestaw szczepów odpornych na cefotaksym, wyizolowanych z wód rzecznych w Portugalii, i stwierdzono, że wielooporność była częstym zjawiskiem wśród szczepów ESBL-pozytywnych, w większości przenoszących *blaCTX-M*. Zgłosili również, że częstość występowania *intI1* wynosiła 56,41% (22 z 39) wśród szczepów ESBL pozytywnych i 27,67% (31 ze 112) wśród szczepów ESBL negatywnych. Ostatnie badania wykazały, że *E. coli* ze źródeł środowiskowych, w tym publicznej wody wodociągowej z obszaru New Delhi w Indiach, były pozytywne dla wielu klas β-laktamazy, w tym NDM-1 (Walsh *i in.*, 2011).

5.6.1.3 Geny odporności na tetracykliny (*tetA* i *tetB*)

W tym badaniu 67 izolatów spośród 91 odpornych na tetracykliny izolatów *E. coli przenosiło tetA* z częstotliwością 73,62%, co jest znacznie większą niż (66%) u *E. coli* izolowanych z naturalnego dorzecza rzeki (Hu *i in.*, 2008). Natomiast częstość występowania *tetB* (40,65%) wykryta w naszym badaniu była niższa niż podana przez Hu *et al.*, (2008). Przedstawione wyniki są wyższe niż te uzyskane przez Hamelin *et al.*, (2006), który podał częstotliwość *tet*(A) i *tet*(B) odpowiednio w 5,2% i 2,6% izolatów *E. coli.*

5.6.1.4 Geny odporności na aminoglikozydy (*strA* i *aphA2*)

Wykryto 47 izolatów odpornych na streptomycynę, z czego 36 (76,59%) zawierało gen *strA*. Spośród 13 izolatów opornych na gentamycynę, gen *aphA2* stwierdzono w 11 izolatach (84,61%). Przedstawione wyniki dla *strA*, *aphA2* i kat. *1* były wyższe niż te uzyskane przez Hamelina *i wsp.*, (2006), który wykazał częstość występowania *strA*, *aac (3)1b* i kat. *1* odpowiednio w 4,9%, 0,3% i 1,3% izolatów *E. coli.*

5.6.1.5 Gen odporny na chloramfenikol (*catI*)

Siedem z 12 wyizolowanych odpornych na chloramfenikol izolowanych genów zawierało gen kat. *1* (58,33%). Hamelin *i wsp.*, (2006) podali, że 1,3 % izolatów *E. coli* odzyskanych z plaży zawierało gen *Cat1*. Wykrywanie determinantów oporności na chloramfenikol nie cieszyło się dużym zainteresowaniem, ponieważ chloramfenikol jest stosowany w niewielkim stopniu w leczeniu ciężkich zakażeń.

5.6.1.6 Geny odporności na sulfonamidy (*sul1* i *sul2*)

Pięćdziesiąt siedem izolatów wykazało fenotyp oporności sulfonamidowej, który został zakodowany przez *sul1* (75,43%), *sul2* (45,61%), oraz *sul1* + *sul2* (38,59%). W naszych badaniach zaobserwowano również wiele kombinacji genów *sul*. Su *i wsp*., (2012) badali geny oporności na *sul* i antybiotyki u *E. coli* wyizolowanej z rzeki i donieśli, że wśród opornych izolatów największą częstość występowania miał *sul2* (89,2%), następnie *sul3* (42,2%) i *sul1* (40,6%). Su *et al*., (2012) podał również kombinację *sul1* i *sul2* (23,2%), która była niższa od poziomu odnotowanego w naszych wynikach. Przedstawiony wynik dla *sul2* był również wyższy od wyników otrzymanych przez Hamelin *et al*., (2006), który wykazał częstość występowania *sul2* w 4,6% izolatów *E. coli*. W przeciwieństwie do naszych wyników, Gao *i in*., (2012) poinformowali, że we wszystkich miejscach pobierania próbek wody i osadów wykryto częściej niż w przypadku *sul2 sul1*. Obserwowana częstość występowania zarówno *sul1* jak i *sul2* była w tym badaniu wysoka. Podobny wzór występuje również w odpornych na działanie sulfonamidów izolatach *E. coli* z naturalnego dorzecza rzeki (Hu *i in*., 2008).

5.6.1.7 Geny odporne na trimetoprim (*dhfrIa* i *dhfrVII)*

Wśród 57 opornych na trimetoprim izolatów *E. coli*, *dhfrIa stwierdzono* u 8 (14,03%) izolatów, a *dhfrVII* u 3 (5,26%) izolatów. Poprzednie badania zgłaszały występowanie genów *dhfr* u zwierząt, od których lub z których pozyskuje się żywność (Smith *i in*., 2010; Marynard *i in*., 2003).

5.6.1.8 *Całki całkowite klasy 1* i gen *int1*

W niniejszej pracy wyizolowano 300 szczepów *E. coli* z różnych stacji ujścia Cochina, z czego 12 (4%) było utajonymi *integronami klasy 1*. Zgodnie z naszymi ustaleniami, Hamelin *i wsp*., (2006) podali, że wiele z izolatów *E. coli*, które były nosicielami genów oporności, miało *klasę 1 integrona* (4% izolatów), a także były nosicielami dwóch lub więcej genów oporności na antybiotyki. Poziom częstości występowania w naszym wyniku był wyższy niż podany przez Ozgumus *et al.*, (2007), który podał, że izolaty *E. coli* z publicznych wód pitnych stanowiły 2,5% liczby *całkowitej klasy 1*.

Wszystkie (12 z 12) izolaty integronowe *E. coli* były wielooporne, tzn. odporne na antybiotyki co najmniej trzech różnych klas. Izolaty z *klasą 1 liczby całkowitej wyrażają* znacznie szersze zakresy oporności na antybiotyki niż izolaty z klasą *2 liczby całkowitej*. Można to wytłumaczyć większą różnorodnością zawartości kasety genowej w *klasie 1 integronów* (Ozgumus *i in.*, 2009; Moura *i in.*, 2007).

Łącznie 86 izolatów *E. coli* z ujścia Cochina było wielolekoopornych. *Klasę 1 integronów* stwierdzono w dwunastu (13,95%) z 86 wielolekoopornych izolatów *E. coli* z ujścia Cochina. Zgodnie z naszymi badaniami, Roe *et al.*, (2003), podali, że 13% *E. coli* w wodzie i osadach irygacyjnych zawierało *klasę 1 integrona*. Mokracka *i in.*, (2012) przeanalizowali integrony w *Enterobacteriaceae* wyizolowane z miejskiej oczyszczalni ścieków i stwierdzili, że odsetek szczepów integronowych różniących się w poszczególnych miejscach poboru próbek był najwyższy w ściekach nieoczyszczonych (22,5%), najniższy w zbiorniku napowietrzającym (4,9%), natomiast w ściekach końcowych wynosił 9,1%.

Nasze wyniki wykazały, że 86,05 procent izolatów wielolekoodpornych nie zawierało liczb *całkowitych klasy 1*. Chociaż fenotypy wieloopornościowe u szczepów klinicznych były skorelowane z obecnością integronów (Leverstein-van Hall *i in.*, 2002), związek ten nie został zaobserwowany w izolatach ze środowisk ściekowych, co sugeruje, że wielooporność jest cechą wspólną bakterii ściekowych nawet w przypadku braku integronów. W badaniu Mokracka *i in.*, (2012) wyizolowano 1832 szczepy z rodziny

Enterobacteriaceae z różnych etapów miejskiej oczyszczalni ścieków, z czego 221 (12,1%) było *intl-pozytywnych*. Zauważyli oni również, że wśród nich 61,5% pochodziło ze ścieków surowych, 12,7% ze zbiornika napowietrzającego, a 25,8% ze ścieków końcowych.

W niniejszym badaniu wyizolowano 300 szczepów *E. coli* z pięciu różnych stacji ujścia Cochina, z czego 22 (7,33%) stanowiły porty genu *integracyjnego I*. Gen *Integrazy1* stwierdzono w 23 (25,58%) z 86 wielolekoopornych izolatów *E. coli* z ujścia Cochina. Odsetek szczepów *intl-dodatnich* w wodzie estuaryjnej jest prawdopodobnie odzwierciedleniem częstości występowania w szpitalach szczepów zawierających integrony, flory komensalnej i bakterii pochodzenia zwierzęcego.

Odsetek integrase-dodatnich *E. coli* w ujściu Cochin osiągnął 7,33% izolatów i był niższy od wartości podanych przez Moura *et al*., (2007), którzy wykryli ponad 30% integron-dodatnich *Enterobacteriaceae* i *Aeromonas* sp. w oczyszczalni ścieków w rzeźni w Portugalii, stosując hybrydyzację dot blot z sondami specyficznymi dla integrase. Podobne wartości *intl zaobserwowali* Moura *i in*., (2012) w *Enterobacteriaceae* izolowanych z dopływów ścieków komunalnych. Podali oni również, że ogólna przewaga *intI1* wynosiła 3,59% i była bardziej obfita w wodach surowych. Koczura *i in*. (2012) określili częstotliwość występowania integronów w izolatach *E. coli* hodowanych z rzeki (6%), oczyszczalni ścieków (11%) i ścieków surowych (15,1%). W badaniu Mokracka *i in*., (2012) wyizolowano 1832 szczepy z rodziny *Enterobacteriaceae* z różnych etapów miejskiej oczyszczalni ścieków, z czego 221 (12,1%) było *intl-pozytywnych*. Zauważyli oni również, że wśród nich 61,5% pochodziło ze ścieków surowych, 12,7% ze zbiornika napowietrzającego, a 25,8% ze ścieków końcowych.

Analiza profili oporności na antybiotyki *intra-dodatniej E. coli wykazała,* że 95,65% z nich było wieloopornych. Mokracka *i in.*, (2012) oraz Leverstein-van Hall *i in.*, (2003) przeanalizowali profile oporności na antybiotyki *intI-dodatniej E. coli* i stwierdzili, że 99% z nich było wieloopornych, co jest typowe dla bakterii będących nośnikami integronów.

Niniejsze badanie wskazuje na znaczenie monitorowania próbek pobranych ze środowiska na obecność wielolekoopornej *E. coli.* Wyniki niniejszych badań odzwierciedlają znaczenie wód powierzchniowych jako zbiornika oraz jako medium do rozprzestrzeniania genów oporności na antybiotyki w środowisku. Intensywna działalność człowieka, w szczególności odprowadzanie ścieków do ujścia może zwiększyć oporność na antybiotyki w środowisku. Zaobserwowaliśmy, że współwystępowanie genów oporności na antybiotyki jest powszechnym mechanizmem, wskazującym na możliwość dalszego rozprzestrzeniania się tych genów. Nasze wyniki pokazują dużą różnorodność genów oporności w wieloopornych szczepach *E. coli* z ujścia rzeki. Dlatego też ta prawidłowa flora może odgrywać kluczową rolę jako akceptor i dawca mechanizmów zakaźnej oporności na antybiotyki. Włączenie niektórych genów oporności wewnątrz integronów stanowi skuteczny sposób na rozprzestrzenianie się oporności na antybiotyki wśród bakterii z różnych ekosystemów. Pojawienie się oporności w łańcuchu żywnościowym jest ważnym problemem dla zdrowia publicznego.

Rozdział 6

Częstość występowania genów czynnika zjadliwości pozajelitowej w izolatach *Escherichia coli* z ujścia Cochina

6.1 Wprowadzenie

Szczepy *E. coli* o znaczeniu biologicznym dla ludzi mogą być szeroko sklasyfikowane jako (1) szczepy komensalne, (2) szczepy jelitowe patogenne (tj. jelitowe lub biegunkowe) oraz (3) pozajelitowe patogenne *E. coli* (ExPEC) (Russo i Johnson, 2000). Dostępne badania *E. coli* z zakażeń dróg moczowych, krwiobiegu, ośrodkowego układu nerwowego, dróg oddechowych i otrzewnej pokazują, że większość takich izolatów, na co wskazują funkcjonalnie podobne profile zjadliwości i tło filogenetyczne, różni się od komensalnych i jelitowych patogenów *E. coli* (Johnson *i in.*, 2003b; Johnson i Russo, 2002; Russo i Johnson, 2000). Ostatnio zaproponowano, aby te szczepy *E. coli* były zbiorowo nazywane ExPEC, a nie dzielone jako uropatogenne *E. coli* (UPEC), *E.* coli związane z sepsą (SEPEC), *E. coli* związane z noworodkowym zapaleniem opon mózgowych (NEMEC) itp., aby odzwierciedlić ich wspólną zdolność do pokonywania lub obalania obrony żywiciela i powodowania chorób w wielu miejscach anatomicznych u ludzi i zwierząt (Russo i Johnson, 2000).

6.2 Przegląd literatury

6.2.1 *E. coli* patogeniczna z przewodu pokarmowego (ExPEC)

Szczepy *E. coli* wyizolowane z zakażeń poza przewodem pokarmowym, np. *uropatogenne E. coli* (UPEC), noworodkowe zapalenie opon mózgowych związane z *E. coli* (NMEC) i wywołujące sepsę *E. coli* (SEPEC) zostały zgrupowane jako ExPEC przez wielu pracowników (Johnson i Russo, 2002, 2005; Russo i Johnson, 2000). ExPEC są częścią mikroflory jelitowej ułamka zdrowej populacji i zwykle bezobjawowo kolonizują jelita. Po uzyskaniu dostępu do nisz poza jelitem, są one jednak w stanie skutecznie skolonizować te nisze i wywołać u człowieka choroby, tj. zakażenie dróg moczowych (UTI), posocznicę lub zapalenie opon mózgowych u noworodków, a także UTI lub chorobę układową u wielu zwierząt. Szczepy chorobotwórcze ludzi i zwierząt mają wspólne podłoże genetyczne (Clermont *i in.*, 2011; Johnson *i in.*, 2008a, b).

Drogi moczowe są najczęstszym miejscem pozajelitowym zainfekowanym przez *E. coli.* Zakażenie dróg moczowych (Urinary Tract infection - UTI) jest częstym zakażeniem u pacjentów ambulatoryjnych, stanowi 1% wizyt w opiece ambulatoryjnej w USA i zajmuje drugie miejsce wśród zakażeń odpowiedzialnych za hospitalizację (Hooton i Stamm, 1997). Brzuch/ miednica jest drugim co do częstości występowania zakażeń pozajelitowych z powodu *E. coli.* W tym miejscu występuje wiele różnych zespołów klinicznych, w tym ostre zapalenie otrzewnej wtórne w stosunku do zakażenia kałem, spontaniczne bakteryjne zapalenie otrzewnej, dializacyjne zapalenie otrzewnej, zapalenie uchyłków, zapalenie wyrostka ropnego, ropnie wewnątrzotrzewnowe lub trzewne (wątroby, trzustki, śledziony), zakażone pseudocysty trzustkowe, septyczne zapalenie dróg żółciowych i/lub zapalenie pęcherzyka żółciowego oraz zapalenie miednicy. *E. coli* mogą być izolowane albo samodzielnie, albo, jak to często ma miejsce, z innymi fakultatywnymi i/lub beztlenowymi elementami flory jelitowej. Charakterystyczne cechy wirulencji obecne w większości ExPEC obejmują różne adhezyny (np. fimbriae typu P i I), czynniki pozwalające na uniknięcie lub obalenie systemów obronnych żywiciela (np. kapsułka, lipopolisacharyd), mechanizmy pozyskiwania składników pokarmowych (np. sideropory) oraz toksyny (np. hemolizyna, cytotoksyczny czynnik martwiczy 1).

6.2.2 Tło filogenetyczne i geny czynnika zjadliwości

Nakładające się na siebie asocjacje genów czynników zjadliwości i tło filogenetyczne powodują niepewność co do tego, która z cech określa przede wszystkim zjadliwość. W kilku badaniach, mimo że geny czynnika zjadliwości były statystycznie ściślej powiązane z kliniczną zjadliwością niż grupa filogenetyczna (Johnson *i in*., 2003c, 2000; Picard *i in*., 1999), grupa filogenetyczna wykazywała jednak związek zjadliwością po uwzględnieniu znanych genów czynnika zjadliwości (Johnson *i in*., 2000), co było zgodne z istnieniem jeszcze nieokreślonych genów czynnika zjadliwości, które są zarówno filogenetycznie rozmieszczone, jak i niezupełnie powiązane ze znanymi genami czynnika zjadliwości. Stwierdzono, że pozajelitowe patogeniczne izolaty *E. coli* (ExPEC) mają charakterystyczny rozkład w ramach szeroko stosowanej klasyfikacji filogenetycznej *E. coli*, A, B1, B2 i D, zaproponowanej przez Clermont *i wsp*., (2000). Większość zjadliwych szczepów pozajelitowych należy do grupy B2 lub, rzadziej, do grupy D, natomiast większość szczepów komensalnych *E. coli* należy do grup A i B1 (Johnson i Stell, 2000). Szczepy filogenetyczne grupy B2 wyewoluowały, aby stać się zjadliwymi poprzez nabycie wielu czynników patogenetycznych (Lecointre *i in*. , 1998).

6.2.3 Oporność na antybiotyki i zjadliwość

Starsze dane sugerują, że wśród izolatów *E. coli* pochodzących od pacjentów z urazówką oporność na antybiotyki, takie jak ampicylina, sulfonamidy, tetracyklina i streptomycyna, jest ujemnie związana z zjadliwością i filogenetycznym podłożem grupy B2, ale jest pozytywnie związana z kompromisem gospodarza (Johnson *i in.*, 1991). Sugeruje to, że w przypadku zakażeń u narażonych żywicieli, którzy mają osłabioną obronę, ale częstą ekspozycję na antybiotyki, oporność może zapewnić większą sprawność fizyczną szczepów *E. coli* niż tradycyjne VF lub tło grupy B2. Nowsze dane wykazują podobne negatywne związki między opornością na fluorochinolon a VFs lub tłem filogenetycznym B2 (Johnson *i in.*, 2003d, 2002d; Vila *i in.*, 2002). Zostało to zinterpretowane jako sugerujące, że VFs mogą zostać utracone wraz z mutacją oporności (Vila *i in.*, 2002). Hipoteza ta nie uwzględnia jednak przesunięcia filogenetycznego (od grupy B2) zaobserwowanego wśród opornych izolatów, co sugeruje, że oporne izolaty pochodzą głównie z odmiennych, mniej zjadliwych populacji bakterii (Johnson *i in.*, 2003d, 2002d). Jednak oporność na antybiotyki wyraźnie nie oznacza zmniejszenia zjadliwości w każdych okolicznościach.

6.3 Cele

1. Analiza występowania genów czynnika zjadliwości pozajelitowej w izolatach *E. coli* z ujścia.
2. Identyfikacja rozmieszczenia grup filogenetycznych w izolatach ExPEC z estuarium.
3. Badanie profili oporności na antybiotyki izolatów ExPEC z ujścia rzeki.

4. Badanie dystrybucji głównych genów oporności na antybiotyki w izolatach ExPEC z ujścia rzeki.

6.4 Materiały i metody

W niniejszej pracy badano łącznie 300 izolatów *E. coli* pochodzenia estuarynowego, 100 *E. coli* pochodzenia klinicznego i 100 *E. coli* pochodzenia morskiego na obecność różnych genów pozajelitowych czynników wirulencji.

6.4.1 Izolacja DNA od *E. coli*

DNA z genomu bakteryjnego zostało pobrane w sposób opisany w pkt. 2.4.6.1.

6.4.2 Izolacja plazmidowego DNA od *E. coli*

DNA plazmidowe zostało pobrane w sposób opisany w punkcie 5.4.2.

6.4.3 Analiza filogenetyczna

Grupę filogenetyczną określono w sposób opisany w punkcie 5.4.2.

6.4.4 Badanie wrażliwości na antybiotyki

Wrażliwość na antybiotyki izolatów *E. coli* oznaczono w sposób opisany w punkcie 4.4.1.

6.4.5 Wykrywanie genów opornych na antybiotyki

Detekcji genów opornych na antybiotyki dokonano w sposób opisany w punkcie 5.4.3.

6.4.6 Wykrywanie genów czynników wirulencji

Wszystkie izolaty zostały przebadane metodą PCR na obecność pięciu kluczowych genów czynników wirulencyjnych pozajelitowej patogennej *E. coli* (ExPEC), jak opisano wcześniej (Johnson i Stell, 2000): wybrane geny czynników wirulencyjnych obejmowały *papAH* i *papC* (główna podjednostka strukturalna i zespół P fimbriae), *sfa/focDE* (fimbriae S i F1C), *iutA* (receptor aerobaktyny) oraz *kpsMT II* (kapsułka grupy II). Podkłady używane w tym badaniu są wymienione w tabeli 6.1. Każda mieszanina reakcyjna składała się z 4 mM MgC12, 1 µl 25 pmol każdego primera (*papAH, papC, sfa/focDE, iutA, kpsMT II*), 2 µl 2 mM dNTP i 4 µl 1X buforu Taq, 1 U polimerazy DNA Taq (GeNeiTM, Indie) w całkowitej objętości 20 µl, w tym 1 µl wzorca DNA. Warunki jazdy na rowerze były następujące: 94 °C przez 5 minut, a następnie 30 cykli denaturacji (94 °C, 30 sek.), wyżarzania (64 °C, 30 sek.), przedłużania (68 °C, 3 min.) i ostatecznego przedłużania (72 °C, 10 min.). Produkty PCR zostały następnie poddane elektroforezie na 1,5% żelu agarozowym zawierającym bromek etydyny (GeNeiTM, Indie), a następnie wizualizowane przez Gel Documentation System (BioRad Gel DocTM EZ Imager, USA). Izolaty *E. coli* z dwoma lub więcej genami czynnika zjadliwości zostały uznane za ekstrawersyjnie patogenne *E. coli* (ExPEC).

Tabela 6.1 Analizowane geny, wykaz primerów i wielkość amplikonów genów czynnika zjadliwości użytych w tym badaniu

Badane geny	**Sekwencja podkładu (5′ - 3′)**		**Wielkość amplikonu (bp)**
	Do przodu	**Odwrócony**	
papAH	atggcagtggtgtcttggtg	cgtcccaccatacgtgctcttc	720
PapC	gtggcagtatgagtaatgaccgtta	atatcctttctgcagggatgcaata	200
sfa/focDE	ctccggagaactgggtgcatcttac	cggaggagtaattacaaacctggca	410
iutA	ggctggacatcatgggaactgg	cgtcgggaacgggtagaatcg	300
kpsMT II	gcgcatttgctgatactg	catccagacgataagcatgagca	272

6.4.7 Analiza statystyczna

Analiza statystyczna w tym badaniu została przeprowadzona przy użyciu oprogramowania SPSS 13 (Pakiet Statystyczny dla Nauk Społecznych). Jednodrożną Analizę Zmienności (ANOVA, Games-Howell) zastosowano do badania różnic w rozmieszczeniu genów czynników zjadliwości wśród *E. coli* pochodzących z różnych stacji, różnych źródeł i różnych grup filogenetycznych. Do analizy korelacji pomiędzy genami czynnika zjadliwości z opornością na antybiotyki a genami oporności na antybiotyki wykorzystano współczynnik korelacji Pearsona.

6.5 Wyniki

6.5.1 Izolaty ExPEC z ujścia ślimaka

6.5.1.1 ExPEC i rozmieszczenie genów czynnika zjadliwości w ujściu ślimaka

Multipleksowa analiza PCR 300 izolatów z ujścia ślimaka wykazała, że 52 (17,33%) izolatów zawierało co najmniej jeden gen czynnika zjadliwości, a 48 (16%) izolatów nosiło dwa lub więcej genów czynnika zjadliwości. Izolaty E. coli z dwoma lub więcej izolatami *E. coli* z dwoma lub więcej genami czynnika zjadliwości zostały uznane za pozajelitowe patogenne *E. coli* (ExPEC).

6.5.1.1.1 Grupy ExPEC i filogenetyczne

Rozkład 300 izolatów *E. coli* w stosunku do genów czynnika zjadliwości i grup filogenetycznych ujawnił 48 z nich jako izolaty ExPEC. Wśród izolatów, które zostały potwierdzone jako ExPEC, 28 izolatów należało do grupy filogenetycznej B2, 12 izolatów do grupy D, po 4 izolaty do grupy A i B1 (rysunek 6.1).

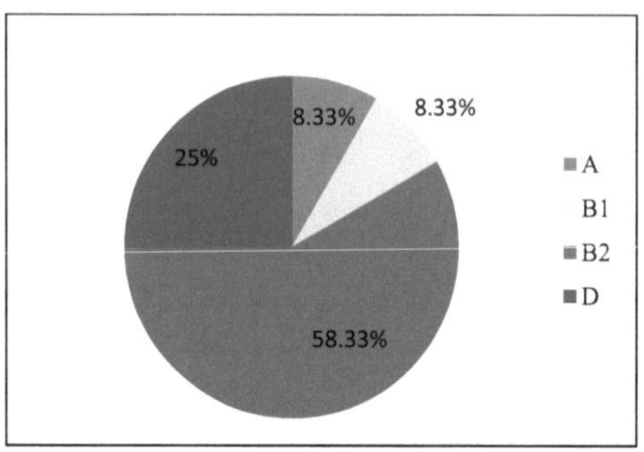

Rys. 6.1Dystrybucja różnych grup filogenetycznych wśród izolatów ExPEC (n = 48) z ujścia Cochina.

6.5.1.1.2 Geny czynnika wirulencji

Obraz żelowy produktów PCR z reprezentatywnymi izolatami przenoszącymi różne geny czynników zjadliwości przedstawiono na rysunku 6.2. Wynik zjadliwości zastosowany do klasyfikacji izolatów ExPEC został obliczony na podstawie całkowitej liczby genów czynników zjadliwości. Rysunek 3 pokazuje rozmieszczenie różnych genów czynników wirulencji w izolatach ExPEC z ujścia Cochina. Często spotykano geny *iutA* (akwizycja aerobktyny), *papC* (P fimbriae) i *kpsMT II* (synteza kapsułek grupy 2), natomiast rzadko wykrywano *sfa/focDE (*S i F1C fimbriae) i *papAH* (P fimbriae). Nie zaobserwowano istotnych różnic w rozmieszczeniu genów wirulencji w izolatach estuarynowych. Analiza statystyczna wyniku wykazała bardzo istotny związek pomiędzy *iutA* i *kpsMT II* (p = 0,046) a *iutA* i *papC* (p = 0,033). Ponadto stwierdzono istotny związek między *papAH* i *sfa/focDE* (p = 0,000).

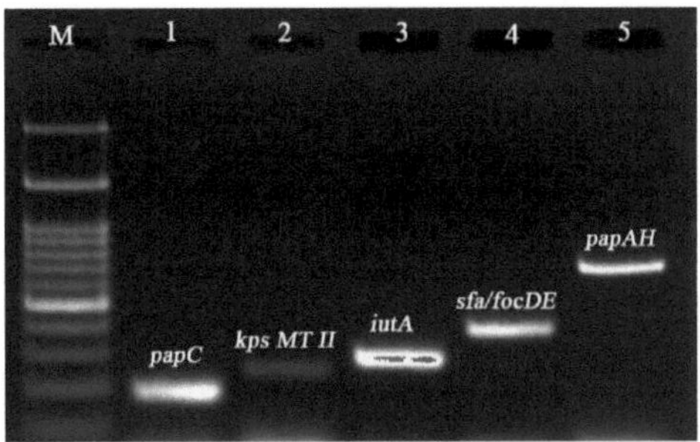

Rysunek 6.2Żelowy obraz produktów PCR z reprezentatywnymi izolatami przenoszącymi różne geny czynników zjadliwości. Pas M: drabinka 100 bp, pas 1: *papC*, pas 2: *kpsMT II*, pas 3: *iutA*, pas 4: *sfa/focDE*, pas 5: *papAH*

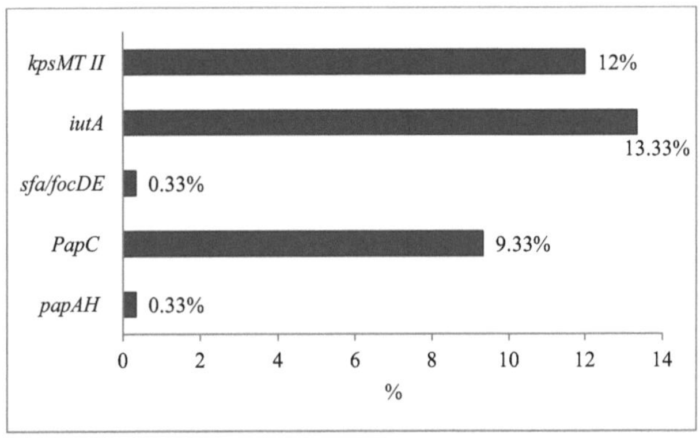

Rysunek 6.Trójwymiarowy rozkład różnych genów czynników wirulencji w izolatach *E. coli* z ujścia Cochina (n = 300).

6.5.1.1.3 Względna przewaga różnych genów czynników zjadliwości wśród różnych grup filogenetycznych izolatów *E. coli* z ujścia Cochina

Częstotliwość dystrybucji genów czynnika zjadliwości była różna w różnych grupach. *E. coli* należała do grupy filogenetycznej B2 i D, która miała więcej genów czynnika zjadliwości niż grupy nie patogenetyczne A i B1 (rysunek 6.4). Geny wirulencyjne, takie jak *sfa/focDE* i *papAH* wykryto tylko w B2. W ujściu Cochina geny *papC występowały* głównie w B2 (53,57%), następnie D (17,85%), A i B1 (po 14,28%). Sześćdziesiąt dwa procent izolatów

B2 miało gen *iutA*, następnie D (25%), A (7,5%) i B1 (5%). Izolaty *E. coli* z genem *kpsMT II*, zostały rozmieszczone w B2 (52,77%), D (30,55%), B1 (11,11%) i A (5,55%). W naszych badaniach wykryto również izolaty *E. coli* z trzema lub więcej kombinacjami genów czynników wirulencji. Co ciekawe, jeden z izolatów należących do grupy B2 zawierał *papAH* + *papC* + *sfa/focDE* + *iutA* + *kpsMT II* (tabela 6.2). Współwystępowanie genów czynników zjadliwości w grupach A, B1, B2 i D u izolatów *E. coli* z ujścia Cochina wymieniono w tabeli 6. 2. Rozmieszczenie genów czynnika zjadliwości różniło się istotnie pomiędzy różnymi grupami filogenetycznymi. Izolaty ExPEC należały do grupy B2, miały więcej genów wirulencji niż izolaty z grupy A, B1 i D (p < 0,001).

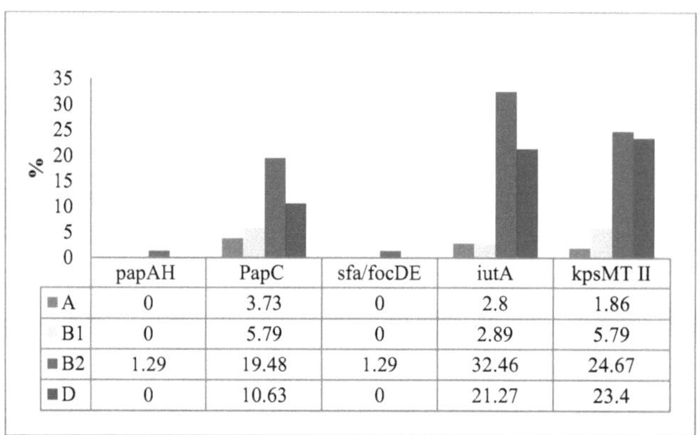

	papAH	PapC	sfa/focDE	iutA	kpsMT II
A	0	3.73	0	2.8	1.86
B1	0	5.79	0	2.89	5.79
B2	1.29	19.48	1.29	32.46	24.67
D	0	10.63	0	21.27	23.4

Rys. 6.4 Względna częstość występowania genów czynników wirulencji wśród różnych grup filogenetycznych izolatów *E. coli* z ujścia Cochina (n = 300)

Tabela 6.2 Współwystępowanie genów czynników zjadliwości wśród różnych grup filogenetycznych izolatów *E. coli* z ujścia Cochina (n = 300)

Dystrybucja genów czynnika zjadliwości	**A**	**B1**	**B2**	**D**
iutA + papC	1.86	0	12.98	4.25
iutA + kpsMT	0.93	0	16.88	14.89
papC + kpsMT II	0.93	2.89	3.89	6.38
iutA + papC + kpsMT II	0	2.89	1.29	0
papAH + iutA + kpsMT II + papC + sfa/focDE	0	0	1.29	0

6.5.1.1.4Prewalencja oporności na antybiotyki wśród izolatów ExPEC z ujścia Cochina

Jeśli chodzi o oporność na antybiotyki, wyniki wykazały, że 45,83% izolatów ExPEC było opornych na co najmniej jeden antybiotyk, a 29,2% było wieloopornych. Odporność na ampicylinę, kwas nalidiksowy, sulfonamidy i cefoksytynę były stosunkowo częste wśród ExPEC z ujścia Cochina. Bardzo niewiele izolatów ExPEC z ujścia Cochina było odpornych na ceftazydym i cefuroksym (rysunek 6.5).

Gen receptora aerobaktyny (*iutA*) był dodatnio związany z opornością na cefotaksym (p = 0,010) i cepfodoksym (p = 0,036). Natomiast gen syntezy kapsułek grupy 2 *(kpsMT II)* wykazywał związek z opornością na cyprofloksacynę, cefoksytynę, cepfodoksym i cefotaksym (p < 0,05). Natomiast geny związane z adhezją (*papAH* i *papC*) oraz gen fimbriae S/F1C (*sfa/focDE*) nie wykazywały pozytywnego związku z jakimikolwiek cechami oporności na antybiotyki.

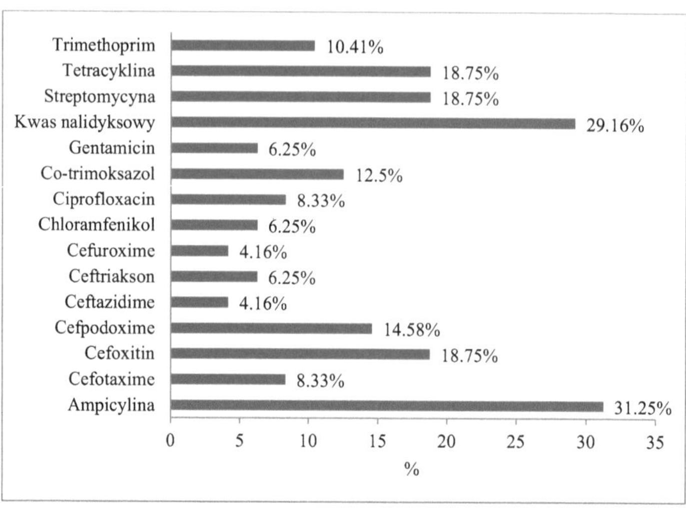

Rys. 6.5 Odsetek oporności na antybiotyki izolatów ExPEC z ujścia Cochina (n = 300)

Spośród 14 wieloopornych izolatów ExPEC, 8 (57,14%) izolatów należało do grupy filogenetycznej B2, a 4 (28,575) do grupy D. Dlatego też, aby ocenić, czy brak tych genów wirulencji jest również związany z opornością na antybiotyki, oceniliśmy częstość występowania każdego rozpatrywanego czynnika wirulencji (*papAH, papC, sfa/focDE, iutA, kpsMT II*) w podatnych i opornych izolatach *E. coli* w każdej grupie filogenetycznej (A, B1, B2 i D) (tabela 6.3). U podatnych szczepów *E. coli* B2 częstość występowania *papC*, *iutA* i *kpsMT II* wynosiła odpowiednio 56,25%, 93,75% i 56,25%. Natomiast w opornych izolatach B2 częstość występowania wynosiła 75% dla *kpsMT II*, 50% dla *papC* i 83,33% dla *iutA*. Występowanie *sfa/focDE* i *papAH* obserwowano tylko w izolatach odpornych na działanie grupy B2 (8,33%). Wyniki wykazały również, że w obrębie grupy filogenetycznej A częściej występowały *papC* i *iutA* w opornych izolatach. Podczas gdy *kpsMT II* był obecny tylko w grupie A izolatów wrażliwych. W grupie filogenetycznej B1, *papC* i *kpsMT II występowały w równym stopniu* u wrażliwych i opornych izolatów. Ale *iutA* był bardziej rozpowszechniony we wrażliwych izolatach. Wyniki wykazały również, że w grupie filogenetycznej D częściej występowały *iutA* i *kpsMT II w izolatach* opornych, natomiast *papC* częściej w izolatach wrażliwych.

Tabela 6.3 Rozkład genów czynnika zjadliwości wśród wrażliwych i opornych izolatów należących do różnych grup filogenetycznych ExPEC.

VFGs	**Grupa filogenetyczna A (n = 4)**		**Grupa filogenetyczna B1 (n = 4)**		**Filogenetyczne Grupa B2 (n = 28)**		**Filogenetyczne grupa D (n = 12)**	
	S (n = 2)	**R (n = 2)**	**S (n = 1)**	**R (n = 3)**	**S (n = 16)**	**R (n = 12)**	**S (n = 7)**	**R (n = 5)**
papAH	0	0	0	0	0	8.33%	0	0
PapC	50%	100%	100%	100%	56.25 %	50	57.14 %	20%
Sfa/foc DE	0	0	0	0	0	8.33%	0	0
iutA	50%	100%	100%	33.33 %	93.75 %	83.33 %	71.42 %	80%
kpsMT II	100 %	0	100%	100%	56.25 %	75%	71.42 %	100%

Izolaty grupy B2 ExPEC wykazywały stosunkowo większą odporność na cefotaksym i cefpodoksym. Natomiast izolaty grupy D były stosunkowo bardziej odporne na cefoksytynę, gentamycynę, chloramfenikol i cyprofloksacynę. Natomiast izolaty ExPEC z grupy A i B1 były wrażliwe na większość badanych antybiotyków (tabela 6.4).

Tabela 6.4 Częstość występowania oporności na antybiotyki wśród izolatów ExPEC należących do różnych grup filogenetycznych (n = 48)

Antybiotyki	A (n = 4)	B1 (n = 4)	B2 (n = 28)	D (n = 12)
Ampicylina	0	50%	32.14%	33.33%
Cefotaxime	0	0	10.71%	8.33%
Cefoxitin	0	0	21.42%	25%
Cefpodoxime	0	0	17.85%	16.66%
Ceftazidime	0	0	3.57%	8.33%
Ceftriakson	0	0	3.57%	16.66%
Cefuroxime	0	0	3.57%	8.33%
Chloramfenikol	0	0	10.71%	16.66%
Ciprofloxacin	0	0	14.28%	16.66%
Co-trimoksazol	25	0	17.85%	16.66%
Gentamicin	0	0	10.71%	16.66%
Kwas nalidyksowy	0	50%	32.14%	25%
Streptomycyna	50	0	21.42%	8.33%
Tetracyklina	25	0	25%	8.33%
Trimethoprim	25	0	17.85%	0

6.5.1.1.5 Częstość występowania genów oporności na antybiotyki wśród izolatów ExPEC z ujścia Cochina

Od 10 do 19% ExPEC nosiło geny oporności na antybiotyki takie jak *strA*, *blaTEM*, *tetA*, *sul2*, *tetB* i *aphA2* (rysunek 6.6). Jeden z genów związanych z adhezją, taki jak *papAH, wykazywał* istotną korelację z genami *Cat1*, *dhfrIa* i *dhfrVII* (p < 0,001), natomiast papC wykazywał dodatnią korelację z genem int *1*. *Gen* fimbriae S/F1C (*sfa/focDE*) również wykazywał związek z kat. *1*, *dhfrIa* i *dhfrVII* (p < 0,001). Gen syntezy kapsułek grupy 2 *(kpsMT II)* był dodatnio skojarzony z *blaCTX-M*. Natomiast gen receptora aerobaktyny (*iutA*) był dodatnio związany z genem *blaCTX-M* i *int 1*.

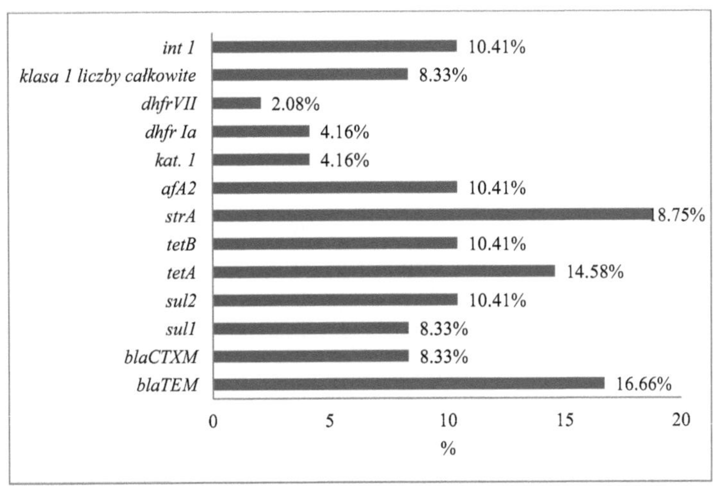

Rys. 6.6Prewalencja różnych genów opornych na antybiotyki wśród izolatów ExPEC z ujścia Cochina (n = 300)

Wśród 28 izolatów ExPEC z grupy B2, powszechnie wykrywanymi genami oporności na antybiotyki były: *blaTEM*, *strA*, *tetA*, *tetB* i *aphA2* (tabela 6.5). W przeciwieństwie do ustaleń w grupie B2, większość szczepów ExPEC w grupie B1 nie zawierała badanych genów oporności na antybiotyki, z wyjątkiem *blaTEM*. Tylko jeden izolat w grupie D zawierał geny oporności na antybiotyki. W grupie A stwierdzono, że dwa izolaty są nosicielami opornych genów, w których jeden izolat był wrażliwy.

Tabela 6.5Prewalencja genów oporności na antybiotyki wśród izolatów ExPEC należących do różnych grup filogenetycznych (n = 48)

Geny oporności na antybiotyki	**A (n = 4)**	**B1 (n = 4)**	**B2 (n = 28)**	**D (n = 12)**
blaTEM	0	25%	21.42%	8.33%
blaCTX-M	0	0	10.71%	8.33%
sul1	25%	0	7.14%	8.33%
sul2	50%	0	7.14%	8.33%
tetA	25%	0	17.85%	8.33%
tetB	25%	0	14.28%	0
strA	50%	0	21.42%	8.33%
afA2	25%	0	14.28%	0
kat. 1	0	0	7.14%	0
dhfrIa	0	0	7.14%	0
dhfrVII	0	0	3.57%	0
klasa 1integrony	25%	0	7.14%	8.33%
int 1	0	0	14.28%	8.33%

6.5.1.2 ExPEC i dystrybucja genów czynnika zjadliwości w stacji 1 (Chitoor)

Multipleksowa analiza PCR 47 izolatów ze stacji 1 (Chitoor) wykazała, że 5 (10,63%) izolatów zawierało co najmniej jeden gen czynnika zjadliwości, a 4 (8,51%) izolaty były nosicielami dwóch lub więcej genów czynnika zjadliwości.

6.5.1.2.1 Grupy ExPEC i filogenetyczne

Rozmieszczenie 47 izolatów *E. coli* w odniesieniu do genów czynnika zjadliwości i grup filogenetycznych wykazało, że spośród 4 izolatów ExPEC, 3 należały do grupy filogenetycznej D, a 1 izolat do grupy B2 (rysunek 6.7).

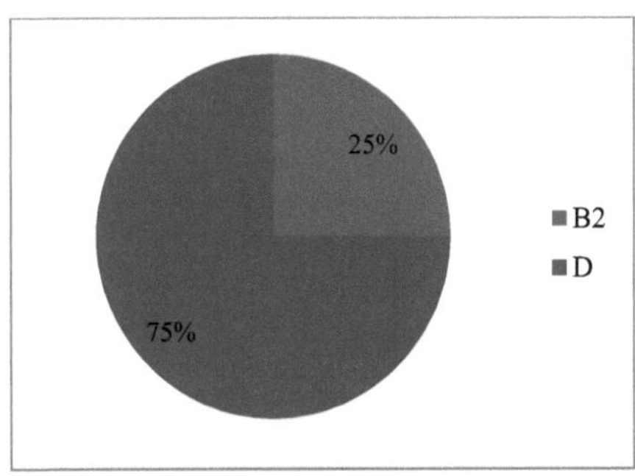

Rysunek 6.7 Rozkład różnych grup filogenetycznych wśród izolatów ExPEC (n = 4) ze stacji 1 (Chitoor)

6.5.1.2.2 Geny czynnika wirulencji

Geny *iutA* (akwizycja aerobktyny), *papC* (P fimbriae) i *kpsMT II* (synteza kapsułek grupy 2) były często spotykane wśród ExPEC z tej stacji, natomiast *sfa/focDE* (S i F1C fimbriae) i *papAH* (P fimbriae) nie były wykrywane. Ponad 6% izolatów zawierało *iutA, papC* i *kpsMT II*.

6.5.1.2.3 Obecność genów czynników zjadliwości wśród różnych grup filogenetycznych izolatów *E. coli* ze stacji 1 (Chitoor)

Ponad 33% izolatów B2 i D było nosicielami genu *papC* i *iutA*. Izolaty *E. coli* z genem *papC były równo rozmieszczone* w grupie B2 (0,33%), D (0,33%) i A (0,33%) (ryc. 6.8). Natomiast izolaty z *iutA należały* do D (0,66%) i B2 (0,33%). Podczas gdy izolaty *E. coli* z genem *kpsMT II należały* tylko do grupy D. Współwystępowanie genów czynników zjadliwości w grupach A, B1, B2 i D u izolatów *E. coli* ze stacji 1 wymienione jest w tabeli 6.6.

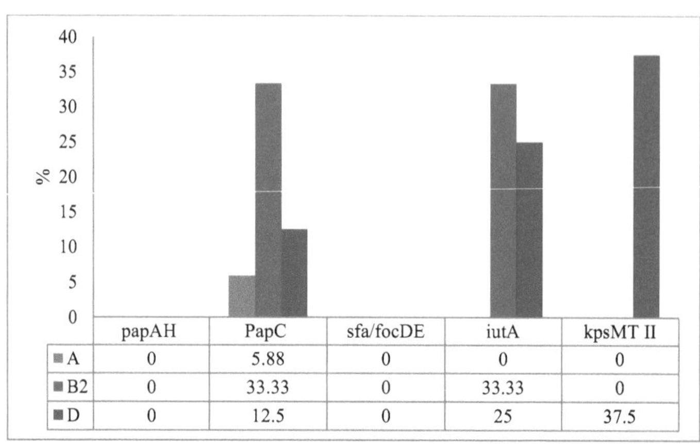

	papAH	PapC	sfa/focDE	iutA	kpsMT II
A	0	5.88	0	0	0
B2	0	33.33	0	33.33	0
D	0	12.5	0	25	37.5

Rys. 6.8 Odsetek genów czynnika wirulencji wśród różnych grup filogenetycznych izolatów *E. coli* ze stacji 1 (Chitoor) (n = 47)

Tabela 6.6 Współwystępowanie genów czynników zjadliwości wśród różnych grup filogenetycznych izolatów *E. coli* ze stacji 1 (Chitoor)

Kombinacja genów czynnika zjadliwości	A (n = 17)	B1 (n = 19)	B2 (n =3)	D (n = 8)
iutA + papC	0	0	33.33%	0
iutA + kpsMT II	0	0	0	25%
papC + kpsMT II	0	0	0	12.5%

6.5.1.3ExPEC i dystrybucja genów czynników wirulencji na stacji 2 (Bolgatty)

Multipleksowa analiza PCR 74 izolatów ze stacji 2 (Bolgatty) wykazała, że 24 (32%) izolatów nosiło dwa lub więcej genów czynnika zjadliwości i zostało zidentyfikowanych jako ExPEC.

6.5.1.3.1 Grupy ExPEC i filogenetyczne

Rozmieszczenie 75 izolatów *E. coli* w odniesieniu do genów czynnika zjadliwości i grup filogenetycznych wykazało, że z 24 izolatów ExPEC 18 należało do grupy filogenetycznej B2, a następnie D (3 izolaty), A (2 izolaty) i B1 (1 izolat) (rysunek 6.9).

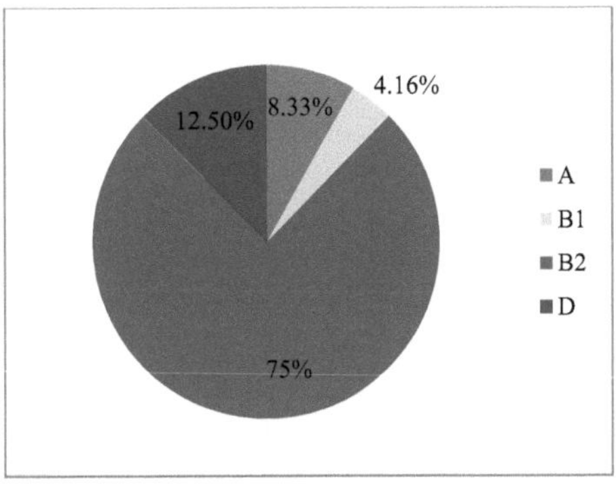

Rys. 6.9 Rozmieszczenie różnych grup filogenetycznych izolatów ExPEC (n = 24) ze stacji 2 (Bolgatty)

6.5.1.3.2 Geny czynnika wirulencji

Ponad 13% izolatów *E. coli* nosiło gen *iutA, podczas* gdy częstość występowania *kpsMT II* (12%) i *papC* (9,33%) była nieco niższa. *papAH* i *sfa/focDE* wykryto tylko 0,33%.

6.5.1.3.3 Obecność genów czynnika zjadliwości wśród różnych grup filogenetycznych izolatów *E. coli* ze stacji 2 (Bolgatty)

Spośród izolatów ze stacji 2 (Bolgatty), izolaty z grupy B2 wykazywały najwyższą częstość występowania wszystkich genów czynnika zjadliwości (rysunek 6.10). Izolaty z *papC należały* do B2 (72,72%), następnie D, A i B1 (po 9,09%). Izolaty z nosicielami *iutA* również należały do B2 (83,33%), następnie D (11,11%) i A (5,55%). Izolaty *E. coli* z genem *kpsMT II*, zostały rozmieszczone w B2 (70%), D (15%), A (10%) i B1 (5%). Współwystępowanie genów czynników zjadliwości w grupach A, B1, B2 i D u izolatów *E. coli* ze stacji 2 wymienione jest w tabeli 6.7.

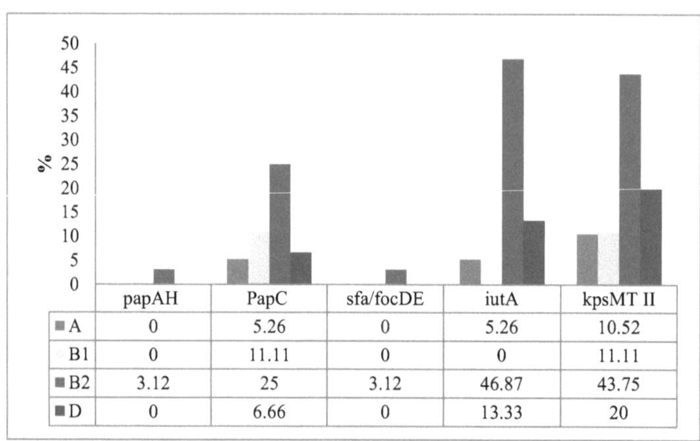

Rysunek 6.10 Procentowy udział genów czynnika zjadliwości wśród różnych grup filogenetycznych izolatów *E. coli* ze stacji 2 (Bolgatty, n = 75)

Tabela 6.7 Współwystępowanie genów czynników wirulencyjnych wśród różnych grup filogenetycznych izolatów *E. coli* ze stacji 2 (Bolgatty)

Kombinacja genów czynnika zjadliwości	A (n = 19)	B1 (n = 9)	B2 (n=32)	D (n = 15)
papC + kpsMT II	5.26%	11.11%	9.37%	6.66%
iutA + kpsMT II	5.26%	0	31.25%	13.33%
iutA +papC	0	0	12.5%	0
papAH + sfa/focDE + iutA + kpsMT II + papC	0	0	3.12%	0

6.5.1.4 ExPEC i dystrybucja genów czynnika zjadliwości na stacji 3 (Off Marine Science Jetty)

Multipleksowa analiza PCR 69 izolatów ze stacji 3 (Off Marine Science Jetty) wykazała, że 11 (15,94%) izolatów zawierało co najmniej jeden gen czynnika zjadliwości, a 10 (14,5%) izolatów nosiło dwa lub więcej genów czynnika zjadliwości.

6.5.1.4.1 Grupy ExPEC i filogenetyczne

Rozmieszczenie 69 izolatów *E. coli* w odniesieniu do genów czynnika zjadliwości i grup filogenetycznych wykazało, że z 10 izolatów ExPEC, 5 należało do grupy filogenetycznej B2, następnie D i A (po 2 izolaty) oraz B1 (1 izolat) (rysunek 6.11).

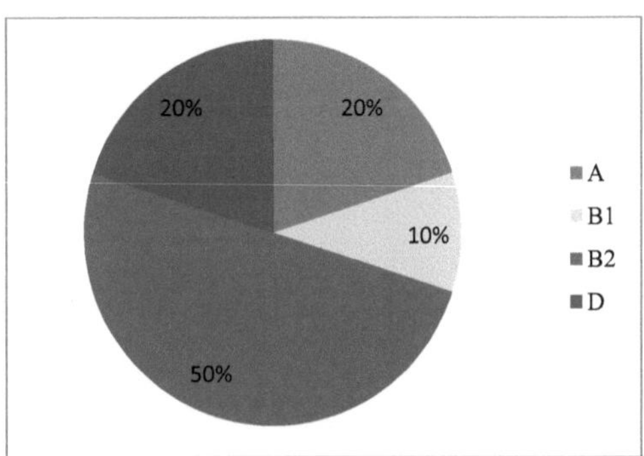

Rys. 6.11Dystrybucja różnych grup filogenetycznych izolatów ExPEC (n = 10) ze stacji 3 (Off Marine Science Jetty).

6.5.1.4.2 Geny czynnika wirulencji

Izolaty *E. coli przenoszone przez papkę dominującą* w stacji 3. Ponad 13% izolatów *E. coli przenosiło gen iutA*, a następnie *kpsMT II* (7,04%). Nie wykryto *papAH* i *sfa/focDE.*

6.5.1.4.3 Występowanie genów czynników zjadliwości wśród różnych grup filogenetycznych izolatów *E. coli* ze stacji 3 (Off Marine Science Jetty)

Izolaty grupy filogenetycznej B2 wykazywały najwyższe występowanie genu *papC* i *iutA* (ryc. 6.12). Natomiast izolaty grupy D, wykazywały najwyższe występowanie dla genu *kpsMT II.* Izolaty *E. coli* przenoszone przez *papC* należały do B2 (50%), następnie A (25%) oraz B1, D (12,5% każdy). Izolaty *E. coli* przenoszone *z iutA* również wykazywały podobny schemat dystrybucji z B2 (55.55%), A (22.22%) B1, D (11.11% każdy). Natomiast *E. coli* noszone w genach *kpsMT II należały* do B2, D (po 40%)

i B1 (20%). Współwystępowanie genów czynników zjadliwości w grupach A, B1, B2 i D u izolatów *E. coli* ze stacji 3 wymienione jest w tabeli 6.8.

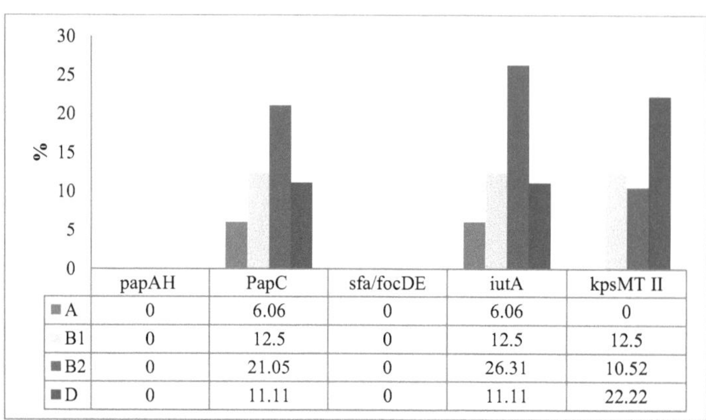

	papAH	PapC	sfa/focDE	iutA	kpsMT II
A	0	6.06	0	6.06	0
B1	0	12.5	0	12.5	12.5
B2	0	21.05	0	26.31	10.52
D	0	11.11	0	11.11	22.22

Rysunek 6.12 Odsetek genów czynników zjadliwości wśród różnych grup filogenetycznych izolatów *E. coli* ze stacji 3 (Off marine Science Jetty, n = 69).

Tabela 6.8 Współwystępowanie genów czynników wirulencyjnych wśród różnych grup filogenetycznych izolatów *E. coli* ze stacji 3 (Off Marine Science Jetty)

Kombinacja genów czynnika zjadliwości	**A (n=33)**	**B1 (n = 8)**	**B2 (n =19)**	**D (n = 9)**
iutA + *papC*	6.06%	0	21.05%	0
iutA + *kpsMT II*	0	0	5.26%	11.11%
papC + *kpsMT II*	0	0	0	11.11%
iutA + *papC* + *kpsMT II*	0	12.5%	0	0

6.5.1.5ExPEC i dystrybucja genów czynników wirulencji w stacji 4 (Thevara)

Multipleksowa analiza PCR 49 izolatów ze stacji 4 (Thevara) wykazała, że 8 (16,32%) izolatów zawierało co najmniej jeden gen czynnika zjadliwości, a 7 (14,28%) izolatów nosiło dwa lub więcej genów czynnika zjadliwości.

6.5.1.5.1 Grupy ExPEC i filogenetyczne

Rozmieszczenie 49 izolatów *E. coli* w stosunku do genów czynnika zjadliwości i grup filogenetycznych wykazało, że z 8 izolatów ExPEC, 3 należały do grupy filogenetycznej D, po 2 izolaty do B1 i B2 (rysunek 6.13).

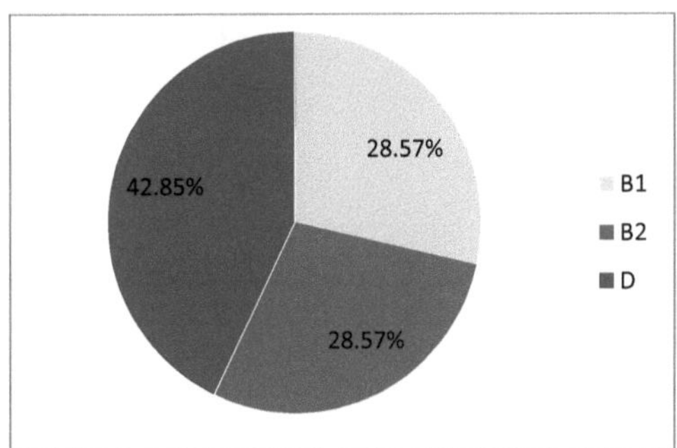

Rys. 6.13Dystrybucja różnych grup filogenetycznych izolatów ExPEC (n = 7) ze stacji 4 (Thevara).

6.5.1.5.2 Geny czynnika wirulencji

W stacji 4. dominowały izolaty *E. coli* przenoszone przez *iutA* (14,28%). Ponad 10% izolatów *E. coli* przenoszonych przez *papC* i *kpsMT II*. *papAH* i *sfa/focDE nie zostało* wykrytych.

6.5.1.5.3 Obecność genów czynnika zjadliwości wśród różnych grup filogenetycznych izolatów *E. coli* ze stacji 4 (Thevara)

Izolaty grupy filogenetycznej D wykazywały najwyższe występowanie genu *papC*, *iutA* i *kpsMT II* (ryc. 6.14). Izolaty *E. coli* przenoszone przez *iutA* należały do D (57.14%), B2 (28.57%) i B1 (14.28%). Natomiast izolaty

E. coli przenoszone przez *papC* należały do D, B1 (40% każdy) i B2 (20%). *E. coli* noszone w genach *kpsMT II* należały do B1, B2 (po 40%) i D (20%). Współwystępowanie genów czynników zjadliwości w grupach A, B1, B2 i D u izolatów *E. coli* ze stacji 4 wymienione jest w tabeli 6.9.

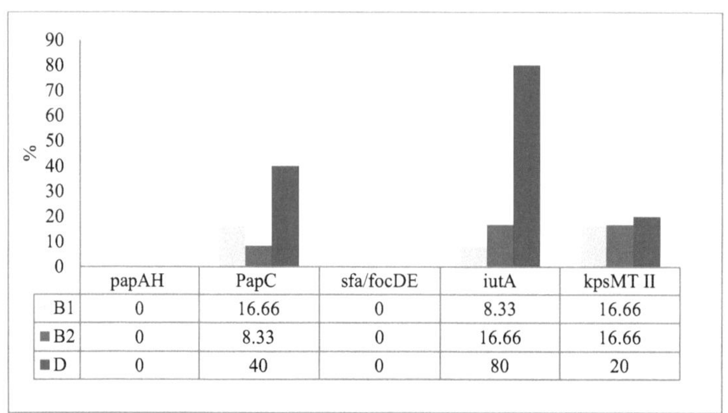

Rysunek 6.14 Odsetek genów czynników zjadliwości wśród różnych grup filogenetycznych izolatów *E. coli* ze stacji 4 (Thevara, n = 49).

Tabela 6.9 Współwystępowanie genów czynników wirulencyjnych wśród różnych grup filogenetycznych izolatów *E. coli* ze stacji 4 (Thevara).

Kombinacja genów czynnika zjadliwości	**A (n = 20)**	**B1 (n = 12)**	**B2 (n = 12)**	**D (n = 5)**
papC + kpsMT II	0	8.33%	0	0
iutA + papC	0	0	0	40%
iutA + kpsMT II	0	0	8.33%	20%
iutA + papC + kpsMT II	0	0	8.33%	0

6.5.1.6 ExPEC i dystrybucja genów czynnika zjadliwości w stacji 5 (Barmouth)

Multipleksowa analiza PCR 60 izolatów ze stacji 5 (Barmouth) wykazała, że 4 (6,66%) izolaty zawierały co najmniej jeden gen czynnika zjadliwości, a 3 (5%) izolaty były nosicielami dwóch lub więcej genów czynnika zjadliwości.

6.5.1.6.1 Grupy ExPEC i filogenetyczne

Rozmieszczenie 60 izolatów *E. coli* w stosunku do genów czynnika zjadliwości i grup filogenetycznych wykazało, że spośród 3 izolató w ExPEC, 2 należały do grupy filogenetycznej B2, 1 izolat do D (rysunek 6.15).

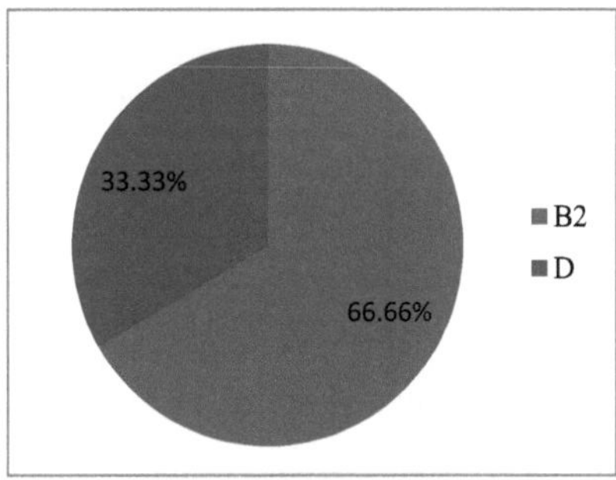

Rysunek 6.15 Dystrybucja różnych grup filogenetycznych izolatów ExPEC (n = 3) ze stacji 5 (Barmouth)

6.5.1.6.2 Geny czynnika wirulencji

Około 5% izolatów *E. coli przenosiło kpsMT II* i gen *iutA*. Izolaty *E. coli* przenoszone przez *papC* stanowiły tylko 1,66%. *PapAH* i *sfa/focDE nie* zostały wykryte.

6.5.1.6.3 Obecność genów czynnika zjadliwości wśród różnych grup filogenetycznych izolatów *E. coli* ze stacji 5 (Barmouth)

Wyizolowana grupa filogenetyczna D wykazywała najwyższe występowanie genu *iutA* (ryc. 6.16). Natomiast izolaty grupy B2 wykazywały najwyższe występowanie *kpsMT II* i genu *papC*. Izolaty *E. coli* przenoszone przez *kpsMT II* należały do B2 (66,66%) i D (33,33%). Natomiast izolaty *E. coli* przenoszone przez *iutA* należały do D (33,33%) i B2 (66,66%).

Współwystępowanie genów czynników zjadliwości w grupach A, B1, B2 i D u izolatów *E. coli* ze stacji 5 jest wymienione w tabeli 6.10.

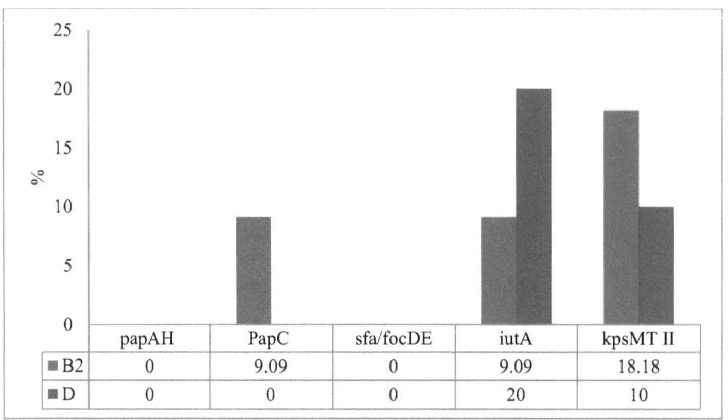

Procentowy udział genów czynników wirulencji wśród różnych grup filogenetycznych izolatów *E. coli* ze stacji 5 (Barmouth, n = 60).

Tabela 6.10 Współwystępowanie genów czynników zjadliwości wśród różnych grup filogenetycznych izolatów *E. coli* ze stacji 5 (Barmouth)

Kombinacja genów czynnika zjadliwości	**A (n = 18)**	**B1 (n = 21)**	**B2 (n = 11)**	**D (n =10)**
iutA + papC	0	0	9.09%	0
iutA + kpsMT II	0	0	9.09%	10%

6.5.1.7 Względna częstość występowania genów czynnika zjadliwości w izolatach *E. coli* z różnych stacji w ujściu Cochina

Istnieje znaczna różnica w rozmieszczeniu genów wirulencji w izolatach grupy B2 pomiędzy różnymi stacjami (p = 0,000) (tabela 6.11). Liczba izolatów grupy B2 z genami wirulencji była istotnie wyższa w stacji 2 (Bolgatty) niż w stacji 1, 4 (p < 0,001) i 3 (p < 0,05). W grupie Bolgatty B2 izolaty przenosiły więcej genów wirulencji niż grupy A, B1 i D (p <

0,001). Natomiast stacja 3 (Off Marine Science Jetty) wykazała znaczną różnicę w rozmieszczeniu genów wirulencji ($p < 0,009$).

Tabela 6.11 Rozmieszczenie genów czynnika zjadliwości w izolatach *E. coli* z różnych stacji położonych przy ujściu Cochina

Geny czynnika wirulencyjnego	Stacja 1	Stacja 2	Stacja 3	Stacja 4	Stacja 5
papAH	0	1.33%	0	0	0
PapC	6.38%	14.66%	11.59%	10.2%	1.66%
sfa/focDE	0	1.33%	0	0	0
iutA	6.38%	24%	13.04%	14.28%	5%
kpsMT II	6.38%	26.66%	7.24%	10.2%	5%

6.6 Dyskusja

6.6.1 Izolaty ExPEC z ujścia Cochina

6.6.1.1 Geny czynnika wirulencji

Nasze wyniki wykazały występowanie ExPEC w ujściu Cochina. Ahmed *i wsp.* , (2011) badali pozajelitowe geny wirulencji u izolatów *E. coli* ze zbiorników na wodę deszczową i donieśli, że 42% izolatów było nosicielami jednego genu wirulencji, 37,5% było nosicielami dwóch genów wirulencji, co jest wartością niższą od naszego wyniku. Zgłosili również, że 18% izolatów nosiło trzy geny wirulencji, a 3% izolatów miało cztery lub więcej genów wirulencji, co jest wartością wyższą od naszych wyników. W naszych wynikach tylko 1,3% izolatów było nosicielami trzech genów wirulencji, a 0,33% izolatów było nosicielami czterech lub więcej genów wirulencji.

Diallo *i in.*, (2013) poinformowali, że częstość występowania ExPEC była znacznie wyższa w ściekach miejskich (8,4%), w porównaniu ze ściekami z rzeźni (1,2%). Hamelin *i in.*, (2007) poinformowali, że stwierdzono występowanie patotypów ExPEC we wszystkich badanych ekosystemach wodnych, w tym w rzekach, estuariach i miejscach jezior przybrzeżnych. Luna *i in*., (2010) badali pozajelitowe *E. coli* przenoszące geny wirulencji w przybrzeżnych osadach morskich i wykazali, że 90% izolatów B2 i 65% izolatów D było dodatnich na co najmniej jeden z genów wirulencji.

Diallo *i wsp*., (2013) podali, że częstość występowania genów wirulencji była niższa niż 7%, a najbardziej zidentyfikowanymi genami były: *papEF*, *kpsMT K1*, *sfa/focDE*. W naszym badaniu, poza *papAH* i *sfa/focDE*, częstość występowania genów wirulencji wynosiła od 9% do 13%. Zgodnie z naszymi badaniami, Luna *i in*., (2010) podali, że gen *sfa/focDE należał* wyłącznie do B2. Ahmed *i wsp*., (2011) podali, że wśród czynników zjadliwości ExPEC najczęściej występował allel III *kpsMT* (17,5%), a następnie *papAH* (13,5%). W naszym badaniu dominował *iutA* (13%), następnie *kpsMT* (12%), a najmniej *papAH* (0,33%).

Nasze wyniki wykazały, że większość izolatów ExPEC należała do grupy B2 (58%) i D (25%). Ahmed *et al*., (2011) poinformował o dominacji grupy D (56%) lub B2 (35%) wśród ExPEC. Podobnie jak my, Diallo *i in*., (2013) również poinformowali, że izolaty ExPEC należały głównie do filogrupy B2 (82,0%), a w mniejszym stopniu do filogrupy D (13,1%) i A (4,9%).

Diallo *i wsp*., (2013) podali, że 45,8% izolatów ExPEC było opornych na co najmniej jeden antybiotyk i że 31,1% jako wielooporne. W przeciwieństwie do naszych wyników, stwierdzili oni, że izolaty ExPEC były głównie odporne na ampicylinę (44,2%), sulfonamid (36,1%), streptomycynę (26,2%) i tetracyklinę (26,2%), a 4,9% na cyprofloksacynę. W naszym badaniu oporność była niższa od zgłoszonej przez Diallo *i wsp*., (2013) z wyjątkiem cyprofloksacyny (8,33%).

6.6.1.2 Grupy ExPEC i filogenetyczne

Zgodnie z innymi badaniami, nasze izolaty estuarynowe należały głównie do jednej z dwóch grup zjadliwości (grupa B2 lub D) (Obeng *i in.* , 2012; Ahmed *i in.*, 2011). Istniała znacząca różnica w rozmieszczeniu genów wirulencji w izolatach grupy B2 pomiędzy różnymi stacjami. Izolaty grupy B2 z genami wirulencji były istotnie wysokie w stacji 2 (Bolgatty). W grupie Bolgatty B2 izolaty przenosiły więcej genów zjadliwości niż grupy A, B1 i D. Projekcja cech czynników zjadliwości na tło filogenetyczne izolatów ujawniła, zgodnie z oczekiwaniami, związek większości czynników zjadliwości z grupą filogenetyczną B2 i D oraz w mniejszym stopniu z grupą A i B1. Zgadza się to z większością innych badań dotyczących grup filogenetycznych uropatogenetycznych (Moreno *i in.,* 2008; Johnson *i in.*, 2005a) oraz bakteriemicznych *E. coli* (Moreno *i in.*, 2005; Johnson *i in.*, 2002a). Nasze wyniki potwierdziły również pewne ustalenia zgłoszone przez innych (Hamelin *i in.*, 2007; Bingen *i in.*, 1998), takie jak obecność *sfa-foc* operonu tylko w grupie filogenetycznej B2. Szczepy należące do grupy B2 były siedliskiem większej liczby czynników zjadliwości w porównaniu ze szczepami z innych grup filogenetycznych, co sugeruje domniemany związek między czynnikami zjadliwości a potencjałem patogenetycznym (Escobar-Paramo *i in.*, 2004a).

Stwierdziliśmy, że wśród wszystkich grup filogenetycznych B2 posiada znacznie większy udział genów czynników wirulencji. *PapAH* wykryto tylko w grupie filogenetycznej B2. Jest to zgodne z raportem Nowrouzian *et al.*, (2006), w którym stwierdzono, że większość szczepów B2 przenosiła geny dla P-fimbriae. Nasze wyniki potwierdziły również niektóre wcześniejsze raporty wskazujące na większy związek tradycyjnie uznawanych uropatogennych czynników wirulencji (np. *pap* i *sfa)* z grupami D i B2 w porównaniu z A i B1 (Johnson *i in.*, 2001; Boyd i Hartl, 1998). Większość

ExPEC, w tym te z najbardziej wytrzymałymi czynnikami zjadliwości i te, które są w stanie najlepiej zarażać żywicieli niezakażonych, pochodzi z grupy filogenetycznej B2 (Johnson, 2002).

Zaobserwowaliśmy, że grupa D zawiera drugą co do wielkości liczbę ExPEC; izolaty pozajelitowe z tej grupy mają zazwyczaj nieco mniej czynników zjadliwości i inną mieszankę czynników zjadliwości niż izolaty z grupy B2. Szczepy *E. coli* należące do grup A i B1 nie wywołują często infekcji pozajelitowych. Szczepy te, które nie są wysoce zjadliwe, powodują chorobę tylko u żywicieli z obniżoną odpornością i mogą być patogenne u zdrowych żywicieli tylko wtedy, gdy mogą nabyć wystarczającą ilość czynników pozajelitowych (Johnson, 2002).

6.6.1.3 ExPEC i oporność na antybiotyki

W niniejszym badaniu wyniki wykazały, że 45,83% izolatów ExPEC było opornych na co najmniej jeden antybiotyk; oraz że 29,2% było wieloopornych. Ogólnie rzecz biorąc, badanie to ujawnia, że oporność na antybiotyki jest istotnie związana z obecnością czynników zjadliwości. Gen receptora aerobaktynowego (*iutA*) był dodatnio związany z opornością na cefotaksym i cepfodoksym. Z kolei gen syntezy kapsułek grupy 2 *(kpsMT II)* wykazywał związek z cyprofloksacyną, cefoksytyną, cepfodoksymem i cefotaksymem. W przeciwieństwie do naszych badań, wcześniejsze dane sugerują, że wśród izolatów *E. coli* pochodzących od pacjentów z urazówką oporność na antybiotyki takie jak ampicylina, sulfonamidy, tetracyklina i streptomycyna jest negatywnie związana z zjadliwością i tłem filogenetycznym grupy B2 (Johnson *i in.*, 1991).

Nowsze dane wykazują podobne negatywne skojarzenia między opornością na antybiotyki a czynnikami zjadliwości lub tłem filogenetycznym B2 (Diallo *i in.*, 2013, Obeng *i in.* , 2012). Natomiast geny związane z adhezją (*papAH* i *papC*) oraz gen fimbriae S/F1C (*sfa/focDE*) nie wykazywały pozytywnego związku z jakimikolwiek cechami oporności na antybiotyki. Zostało to zinterpretowane jako sugerujące, że czynniki wirulencji mogą zostać utracone wraz z mutacją oporności (Vila *i in.*, 2002). Hipoteza ta nie uwzględnia jednak przesunięć filogenetycznych (od grupy B2) zaobserwowanych wśród opornych izolatów, które sugerują, że oporne izolaty pochodzą głównie z odmiennych, mniej zjadliwych populacji bakterii (Johnson *i in.*, 2003d, 2002d).

Jeden z genów związanych z adhezją, taki jak *papAH*, wykazywał istotny związek z genami oporności na antybiotyki kat. *1*, *dhfrIa* i *dhfrVII*, natomiast *papC* wykazywał pozytywny związek z genem *intl*. *Gen* fimbriae S/F1C (*sfa/focDE*) również wykazywał związek z kat. *1*, *dhfrIa* i *dhfrVII*. Gen syntezy kapsułek grupy 2 *(kpsMT II)* był dodatnio skojarzony z *blaCTX-M*. Natomiast gen receptora aerobaktynowego (*iutA*) był dodatnio skojarzony z genem *blaCTX-M* i genem *intl*. Biswal *i in.*, (2014) zgłosili współwystępowanie genów wirulencji i oporności na antybiotyki w *E. coli* ze ścieków.

Uderzające jest stwierdzenie z niniejszego badania, że izolaty ExPEC należące do grupy B2 wykazywały wyższą odporność na cefotaksym i cefpodoksym. Natomiast izolaty grupy D wykazywały wyższą odporność na cefoksytynę, gentamycynę, chloramfenikol i cyprofloksacynę. Natomiast izolaty grupy A i B1 ExPEC były wrażliwe na większość badanych antybiotyków. Może to wynikać z faktu, że poszczególne szczepy zostały poddane niezbędnej i odpowiedniej adaptacji w celu przeżycia w zmieniającym się środowisku antybiotykowym. Co więcej, może to również wynikać ze współselekcji genów oporności przy użyciu różnych antybiotyków, jak to opisano w innych źródłach (Ahmed *i in.*, 2007).

Podsumowując, badanie to informuje o obecności szczepów ExPEC w ujściu rzeki Cochin. Obecność genów wielu czynników zjadliwości w szczepach *E. coli* może stanowić zagrożenie dla zdrowia głównie użytkowników, którzy używają wody w celach rekreacyjnych. Wielolekooporne ExPEC, odprowadzane do ujścia rzeki, mogą utrzymywać się w środowisku i mogą być przenoszone na ludzi i zwierzęta. Występowały znaczne różnice w częstości występowania genów zjadliwości i oporności na antybiotyki u izolatów *E. coli* z różnych stacji. Przewaga genów wirulencji była znacząco wysoka na stacji 2 (Bolgatty), która znajduje się w pobliżu miasta Cochin. Podsumowując, częstotliwości występowania wielolekoopornych izolatów ExPEC w wodzie estuaryjnej stały się niepokojąco wysokie.

Rozdział 7
Podsumowanie i wnioski

7.1 Podsumowanie

W niniejszych badaniach zróżnicowanie *E. coli* w próbkach wody z ujścia Cochina badano przez okres 3 lat, od stycznia 2010 do grudnia 2012 roku. Stacje zostały wybrane na podstawie bliskości miast satelitarnych i ilości odpadów. Dwie z tych stacji (Chitoor i Thevara) zostały umieszczone w górnym biegu rzeki, dwie w środkowej części ujścia, mianowicie Bolgatty i Off Marine Science Jetty, oraz jedna w Barmouth. Różnorodność oceniano pod względem serotypów i grup filogenetycznych. Próbki analizowano na obecność bakterii z grupy coli w kale metodą MPN. Biochemicznie potwierdzone serotypy kultur *E. coli wykonano* w National *Salmonella* and *Escherichia* Center, Central Research Institute, Kasauli, Himachal Pradesh. Molekularna identyfikacja *E. coli* została przeprowadzona poprzez amplifikację genu *uidA*. Filogenetyczne grupowanie izolatów *E. coli* oznaczono metodą PCR triplex. Częstość występowania oporności na antybiotyki wśród *E. coli* z powyższych źródeł określono metodą dyfuzji krążkowej i indeksowania oporności wielokrotnej (multiple antibiotic resistance - MAR). *E.* Izolaty *coli* były również analizowane na obecność genów oporności na leki, takich jak *blaTEM, blaCTX-M, tetA, tetB, sull, sul2, strA, aphA2, catI, dhfrIa, dhfrVII, klasa 1 gen integrujący* i *klasa 1 regiony zmienne integronowe* oraz na obecność genów czynników wirulencyjnych, takich jak *papAH* i *papC* (główna podjednostka i zespół strukturalny P fimbriae), *sfa/focDE* (fimbriae S i F1C), *iutA* (receptor aerobaktynowy) i *kpsMT II* (kapsułka grupy II). Jeden szczep

(CUSMBES11), który był oporny na wszystkie antybiotyki i posiadał wszystkie geny czynnika zjadliwości, został dokładniej scharakteryzowany za pomocą metody Real-time PCR. Analiza statystyczna wyników badania została przeprowadzona przy użyciu SPSS (Pakietu Statystycznego dla Nauk Społecznych).

- Określanie serotypu izolatów *E. coli* z ujścia Cochina wykazało, że należały one do 58 różnych serotypów. Serotypy patogenne takie jak O25, O60, O75 izolowano z dużą częstotliwością, gdzie jak O157, O153, O148 spotykano się bardzo rzadko.
- Zróżnicowanie przestrzenne w rozmieszczeniu serotypów E. coli ujawniło, obecność bardziej patogennych serotypów *E. coli* na stacjach 2 (Bolgatty) i 3 (Off Marine Science Jetty), które znajdują się w pobliżu Cochin City.
- Stwierdzono, że wszystkie stacje wykazywały wysoką chorobowość w okresie przed- i popołupkowym, ale stosunkowo niskie zróżnicowanie w sezonie monsunowym. W stacjach 1 (Chitoor), 2 (Bolgatty) i 5 (Barmouth) uzyskano bardziej zróżnicowane serotypy w okresie przedpołudniowym, a w okresie popołudniowym zróżnicowane serotypy w stacjach 3 i 4.
- Analiza Games-Howell wykazała, że rozkład grupy filogenetycznej A był istotnie wyższy niż grupy filogenetycznej D pomiędzy różnymi stacjami ($p < 0{,}05$).
- Zgrupowanie filogenetyczne *E. coli* wykazało, że szczepy z grupy A i B2 były najczęstszymi grupami filogenetycznymi (odpowiednio 35,66% i 25,66%) w wodzie estuaryjnej, a następnie szczepami B1 i D (odpowiednio 23% i 15,66%).

- Analiza Games-Howell wykazała, że częstość występowania oporności na ampicylinę, cefoksytynę i cefpodoksym był istotnie wyższy wśród izolatów *E. coli* z ujścia rzeki niż na cefotaksym, ceftazydym, ceftriakson, cefuroksym i chloramfenikol ($p < 0,05$). Stwierdzono bardzo istotny związek pomiędzy ceftazidymem a ceftriaksonem ($p = 0,002$). Ponadto stwierdzono istotny związek pomiędzy współtrimoksazolem z trimetoprimem i kwasem nalidiksynowym ($p < 0,05$). Stwierdzono również istotny związek pomiędzy cefotaksymem a cefuroksymem i gentamycyną ($p < 0,05$).
- Oporność antybiotykowa *E. coli należała* do grupy filogenetycznej A i D była istotnie zróżnicowana wśród wszystkich stacji w ujściu Cochina. Nie stwierdzono jednak istotnej różnicy w oporności antybiotykowej *E. coli należała* do grupy filogenetycznej B1 i B2.
- Izolaty *E. coli* ze stacji 2 (Bolgatty) i stacji 3 (Off Marine Science Jetty), w porównaniu z tymi odzyskanymi z innych stacji, były częściej odporne na cefotaksym, ko-trimoksazol, trimetoprim i fluorochinolony.
- Izolaty *E. coli* ze stacji 2 (Bolgatty) wykazywały większą częstość występowania genów oporności na antybiotyki, takich jak *blaTEM*, *tetB* i *aphA2*. Podczas gdy izolaty ze stacji 3 (nabrzeże Off Marine Science), wykazywały większą częstość występowania *strA*. Natomiast izolaty *E. coli* ze stacji 4 (Thevara), wykazywały większą częstość występowania genów oporności na sulfonamidy, takich jak *sul1* i *sul2*. Analiza statystyczna wyniku wykazała bardzo istotny związek pomiędzy genem *blaTEM* i *sul1* ($p = 0,25$).
- Rozkład genów czynnika zjadliwości jest istotnie zróżnicowany pomiędzy różnymi grupami filogenetycznymi. Izolaty *E. coli*

należały do grupy B2, miały więcej genów wirulencji niż izolaty z grupy A, B1 i D ($p < 0,001$).

- Przewaga genów czynnika zjadliwości była znacząco wysoka na stacji 2 (Bolgatty), która znajduje się w pobliżu miasta Cochin.
- *E. coli* należała do grupy filogenetycznej B2 i D, która miała więcej genów czynnika zjadliwości niż grupy nie patogenetyczne A i B1.
- Gen receptora aerobaktyny (*iutA*) był dodatnio związany z opornością na cefotaksym ($p = 0,010$) i cepfodoksym ($p = 0,036$). Natomiast gen syntezy kapsułek grupy 2 *(kpsMT II)* wykazywał związek z opornością na cyprofloksacynę, cefoksytynę, cepfodoksym i cefotaksym ($p < 0,05$). Natomiast geny związane z adhezją (*papAH* i *papC*) oraz gen fimbriae S/F1C (*sfa/focDE*) nie wykazywały pozytywnego związku z jakimikolwiek cechami oporności na antybiotyki.
- Szczegółowa charakterystyka wielolekoopornej *E. coli* (ES11 - Genbank Accession No. JX183942.1) ujawniły obecność dwóch genów domowych (*uid A*, *frr*), pięciu genów czynnika zjadliwości (*papAH, papC, sfa/focDE, iutA* i *kps MT II*) oraz czternastu genów oporności na antybiotyki (*blaTEM), blaCTXM, tetA, tetB, sul1, sul2, strA, aphA2, catI, dhfrIa, dhfrVII*, gen *integracyjny klasy 1*, *regiony o zmiennej całkowitej klasy 1* oraz gen *integracyjny klasy 3*). Szczep ten był również nosicielem genu *stx1* produkującego toksynę Shiga. Jest to pierwszy raport, w którym izolat przenosił zarówno geny patogenne jelitowe (*stx1*), jak i pozajelitowe (*papAH, papC, sfa/focDE, iutA, kpsMT II*).

7.2 Wniosek

Środowisko estuaryjne jest tyglem do topienia różnego rodzaju odpadów, zarówno organicznych jak i nieorganicznych. Mieszanie ścieków pochodzących z różnych źródeł, takich jak ścieki domowe, przemysłowe, szpitale i ścieki uwalniane do tych zbiorników wodnych, powodujące współistnienie *E. coli* z różnych źródeł, oferuje tym samym środowisko sprzyjające poziomemu transferowi genów. Patogeny oportunistyczne mogą nabywać geny oporności na leki i zjadliwości, przekształcając je w potencjalne patogeny. Przewaga ExPEC w ujściu rzeki Cochin, stanowi zagrożenie dla ludzi, którzy wykorzystują tę wodę do wędkowania i rekreacji. Łańcuch żywnościowy odgrywa również ważną rolę w tranzycie genów wirulencji ze środowiska do człowieka. Odporne na antybiotyki *E. coli* są szeroko rozpowszechnione w wodach estuaryjnych, z dobrze znanych powodów, takich jak masowe stosowanie antybiotyków w systemach produkcji zwierzęcej, akwakulturze i medycynie. Ponieważ ścieki z tych źródeł wpływające do ujścia zapewniają presję selekcyjną na mutacje odporne na leki w środowisku. Najwyższy czas, aby zainteresowane organy wprowadziły systemy monitorowania i egzekwowania przepisów w celu ograniczenia takich działań. Zanieczyszczenie mikrobiologiczne może ograniczyć korzystanie z wód przybrzeżnych do rekreacji kontaktowej lub zbierania skorupiaków. *E. coli* może wywoływać u ludzi choroby, jeśli są obecni w dużych ilościach w wodzie używanej do rekreacji kontaktowej lub zbierania skorupiaków.

Podsumowując, wysoka częstość występowania różnych serotypów patogenetycznych i grup filogenetycznych, wielolekooporności i genów czynnika zjadliwości wykrytych wśród izolatów *E. coli* ze stacji położonych w pobliżu miasta Cochin budzi niepokój, ponieważ w obrębie społeczności istnieje duży rezerwuar genów oporności na antybiotyki i cech zjadliwości, a geny oporności i geny kodowane plazmidami dla zjadliwości były łatwe do przeniesienia na inne szczepy. Biorąc pod uwagę nasilenie objawów klinicznych choroby u ludzi oraz niemożność i/lub potencjalne ryzyko podania antybiotyków w celu leczenia, wydaje się, że za priorytet można uznać najbardziej bezpośredni i skuteczny środek zapobiegania zakażeniom STEC i ExPEC u ludzi oraz zapewnienia zdrowia publicznego.

REFERENCJE

Ahmed, A.M., Motoi, Y., Sato, M., Maruyama, A., Watanabe, H., Fukumoto, Y., *et al.*, 2007. Zwierzęta z ogrodów zoologicznych jako rezerwuary gram-ujemnych bakterii, które są siedliskiem integronów i genów oporności przeciwbakteryjnej. *Aplikacja. Środowisko. Mikrobol.* 73, 6686-6690.

Ahmed, W., Hodgers, L., Masters, N., Sidhu, J.P.S., Katouli, M., Tozel, S., 2011. Występowanie genów wirulencji jelitowej i pozajelitowej w izolatach *Escherichia coli* ze zbiorników na wodę deszczową w południowo-wschodnim Queensland w Australii. *Aplikacja. Środowisko. Mikrobol.* 77 (20), 7394-7400.

Aminov, R.I., 2010. Krótka historia epoki antybiotyków: wyciągnięte wnioski i wyzwania na przyszłość. *Front. Mikrobol.* 1:134. doi:10.3389/fmicb. 2010.00134

Ash, R.J., Mauck, B., Morgan, M., 2002. Oporność na antybiotyki bakterii Gram-ujemnych w rzekach, Stany Zjednoczone. *Emerg. Infekcja. Dis.* 8, 713-716.

Bachmann, B.J., 1972. Rodowody niektórych zmutowanych szczepów *Escherichia coli* K-12. *Bakteriol. Rev.* 36, 525-557.

Batabyal, P., Mookerjeea, S., Surb, D., Palita, A., 2013. Diarrheogenic *Escherichia coli* w źródłach wody pitnej w WestBengalu, Indie. *Acta. Tropica.* 127,153-157.

Batchelor, M., Hopkins, K., Threlfall, E.J., Clifton-Hadley, F.A., Stallwood, A.D., Davies, R.H., *et al.*, 2005. geny *blaCTX-M* w klinicznych izolatach *Salmonella* odzyskanych od ludzi w Anglii i Walii w latach 1992-2003. *Antymikrob. Agenci. Chemother.* 49(4), 1319-1322.

Bauer, A.W., Kirby, W.M.M., Skerris, J.C., Turck, M., 1966. Badanie wrażliwości na antybiotyki za pomocą znormalizowanej metody pojedynczej dyfuzji. *Am. J. Clin. Pathol.* 45, 493-496.

Bej, A.K., DiCesare, J., Haff, L., Atlas, R.M., 1991. Detekcja *Escherichia coli* i *shigella* sp. w wodzie za pomocą reakcji łańcuchowej polimerazy i sond genowych dla *uid. Aplikacja. Środowisko. Mikrobol.* 57, 1013-1017.

Berger, C.N., Bilker, O., Meyer, T.F., Servin, A.L., Kansau, I., 2004. Rozpoznawanie różnicowe członków rodziny antygenów zarodkowych tuszy na podstawie zrostów Afa/Dr diffusely adhering *Escherichia coli* (Afa/Dr DAEC). *Mol. Mikrobol.* 52 (4), 963-983.

Beutin, L., Krause, G., Zimmermann, S., Kaulfuss, S., Gleier, K., 2004. Charakterystyka szczepów *Escherichia coli* wytwarzających toksyny Shiga wyizolowanych od ludzi w Niemczech w ciągu 3 lat. *J. Clin. Mikrobol.* 42, 1099-1108.

Bilge, S.S., Clausen, C.R., Lau, W., Moseley, S.L., 1989. Molekularna charakterystyka adhezyny fimbrialnej, F1845, pośrednicząca w rozproszonym przyleganiu do komórek HEp-2 pałeczek *Escherichia coli* związanych z biegunką. *J. Bacteriol.* 171, 4281-4289.

Bingen, E., Picard, B., Brahimi, N., Mathy, S., Desjardins, P., Elion, J., *et al.*, 1998. Analiza filogenetyczna szczepów *Escherichia coli* wywołujących noworodkowe zapalenie opon mózgowych sugeruje horyzontalny transfer genu z dominującej puli wysoce zjadliwych szczepów B2. *J. Zainfekować. Dis.* 177, 642-650.

Bischoff, K.M., White, D.G., McDermott, P.F., Zhao, S., Gaines, S., Maurer, J.J., *et al.*, 2002. Charakterystyka odporności na chloramfenikol w beta-hemolizującym *Escherichia coli* związanym z biegunką u noworodków. *J. Clin. Mikrobol.* 40, 389-394.

Biswal, B.K., Mazza, A., Masson, L., Gehr, R., Frigon, D., 2014. Wpływ procesów oczyszczania ścieków na geny oporności przeciwbakteryjnej i ich współwystępowanie z genami wirulencji w *Escherichia coli*. *Water Res.* 50, 245-253.

Blaak, H., Kruijf, P., Hamidjaja, R.A., van Hoek, H.A.M., Husman, A.N., Schets, F.M., 2014. Częstość występowania i charakterystyka ESBL produkującej *E. coli* w holenderskich wodach rekreacyjnych, na które mają wpływ oczyszczalnie ścieków. *Weterynarz. Mikrobol.* 171, 448-459.

Blanco, M., Blanco, J.E., Dahbi, G., Alonso, M.P., Mora, A., Coira M.A., *et al.*, 2006a. Identyfikacja dwóch nowych typów intymnych w nietypowym enteropatogenicznym *Escherichia coli. Int. Mikrobol.* 9, 103-110.

Blanco, M., Lazo, L., Blanco, J.E., Dahbi, G., Mora, A., Lopez, C., *et al.*, 2006b. Seotypy, geny wirulencji, typy intymne i profile PFGE *Escherichia coli* wyizolowane od świń kubańskich z biegunką. *Int. Mikrobol.* 9(1), 53-60.

Blanco, M., Schumacher, S., Tasara, T., Zweifel, C., Blanco, J.E., Dhabi, G., *et al.*, 2005. Serotypy, odmiany intymne i inne czynniki wirulencji eae dodatnich szczepów *Escherichia coli* wyizolowanych od zdrowego bydła w Szwajcarii. Identyfikacja nowego genu wariantu intymnego (*eae-η2*). *BMC Microbiol.* 5, 23.

Bockemuhl, J., Aleksic, S., Karch, H., 1992. Właściwości serologiczne i biochemiczne toksynopodobnych shiga (verocytotoksyny) wytwarzających szczepy *Escherichia coli*, innych niż O-grupa 157, pochodzących od pacjentów w Niemczech. *Zentbl. Bakteriol.* 276, 189-195.

Boczek, L.A., Rice, E.W., Johnston, B., Johnson, J.R., 2007. Występowanie w ściekach opornej na antybiotyki uropatogennej *Escherichia coli* klonalnej grupy A w ściekach. *Aplikacja. Środowisko. Mikrobol.* 73(13), 4180-4184.

Bonnet, R., 2004. Rosnąca grupa beta-laktamaz o rozszerzonym spektrum działania: enzymy CTX-M. *Antymikrob. Agenci Chemother.* 48, 1-14.

Boyd, E.F., i Hartl, D.L., 1998. Chromosomalne regiony specyficzne dla patogenetycznych izolatów *Escherichia coli* mają filogenetyczną, klasterową dystrybucję. *J. Bacteriol.* 180, 1159-1165.

Buchholz, U., Bernard, H., Werber, D., Bohmer, M.M., Remschmidt, C., Wilking, H., *et al.,* 2011. Niemiecka epidemia *Escherichia coli* O104:H4 związana z kiełkami. *N. Engl. J. Med.* 365, 1763-1770.

Bueno, M.F., Francisco, G.R., O Hara, J.A., de Oliveira G.D., Doi, Y., 2013. Koprodukcja 16S rRNA metylotransferazy RmtD lub RmtG z grupą

KPC-2 i CTX-M z rozszerzonym spektrum β-laktamaz w *Klebsiella pneumoniae*. *Antymikrob. Agenci Chemother.* 57, 2397-2400.

Bukh, A.S., Schonheyder, H.C., Emmersen, J.M.G., Sogaard, M., Bastholm, S., Peter, R.P., 2009. Grupy filogenetyczne *Escherichia coli* są związane z miejscem zakażenia i poziomem oporności na antybiotyki w bakteriemii nabytej we wspólnocie: 10 lat badań populacyjnych w Danii. *J. Antymikrob. Chemother.* 64, 163-168.

Bush, K., i Singer, S.B., 1989. Skuteczne chłodzenie pozwala na zastosowanie sonikacji do uwalniania beta-laktamaz z bakterii Gram-ujemnych. *J. Antymikrob. Chemother.* 24, 82-84.

Carattoli, A., 2001. Znaczenie liczb całkowitych w dyfuzji oporu. *Weterynarz. Res.* 32, 243-259.

Carlos, C., Pires, M.M., Stoppe, N.C., Hanchich, E.M., Sato, M.I.Z., Gomes, T.A.T., *et al.*, 2010. Określenie grupy filogenetycznej *Escherichia coli* i jej zastosowanie w identyfikacji głównego źródła zanieczyszczenia kału przez zwierzęta. *BMC Microbiol.* 10, 1471-2180.

Carneiro, L.A.M., Lins, M.C., Garcia, F.R.A., Silva, A.P.S., Mauller, P.M., Alves, G.B., 2006. Fenotypowa i genotypowa charakterystyka szczepów *Escherichia coli* serotypowanych jako enteropatycznych *E. coli* (EPEC) wyizolowanych z pasteryzowanego mleka. *Int. J. Food. Mikrobol.* 108, 15-21.

Chandran, A., Hatha, A.A.M., Varghese, S., Sheeja, K.M., 2008. Rozpowszechnienie wielolekoopornych serotypów *Escherichia coli* opornych na leki w tropikalnym ujściu rzeki, Indie. *Mikrob. Środowisko.* 23, 153-158.

Chee-Sanford, J.C., Garrigues-Jeanjean, N., Aminov, R.I., Krapac, I.J., Mackie, R.I., 2001. Występowanie i różnorodność genów odporności na tetracykliny w lagunach i wodach gruntowych znajdujących się pod dwoma zakładami hodowli świń. *Aplikacja. Środowisko. Mikrobol.* 67, 1494-1502.

Chopra, I., i Roberts, M., 2001. Antybiotyki tetracyklinowe: sposób działania, zastosowania, biologia molekularna i epidemiologia oporności bakterii. *Mikrobol. Mol. Biol. Rev.* 65, 232-260.

Clermont, O., Bonacorsi, S., Bingen, E., 2000. Szybkie i proste oznaczanie grupy filogenetycznej *Escherichia coli. Aplikacja. Środowisko. Mikrobol.* 66, 4555-4558.

Clermont, O., Olier, M., Hoede, C., Diancourt, L., Brisse, S., Keroudean, M., *et al.*, 2011. Zwierzęce i ludzkie patogeniczne szczepy *Escherichia coli* mają wspólne podłoże genetyczne. *Zainfekować. Genet. Evol.* 11, 654-662.

CLSI, 2007. Normy działania w zakresie badania wrażliwości na środki przeciwdrobnoustrojowe; [17.] suplement informacyjny. M100-S17, vol. 27 (1), Clinical Laboratory standards Institute, Wayne, Pa, USA.

Cobeljic, M., Miljkovic-Selimovic, B., Paunovic-Todosijevic, D., Velickovic, Z., Lepsanovic, Z., Zec, N., 1996. Enteroagregacyjna pałeczka okrężnicy (*Escherichia coli)* związana z pojawieniem się biegunki na oddziale dla noworodków. *Epidemiol. Zainfekować.* 117, 11-16.

Coimbra, R.S., Grimonta, F., Lenormanda, P., Burguierea, P., Beutin, L., Grimont, P.A.D., 2000. Identyfikacja grup serologicznych O pałeczek okrężnicy (*Escherichia coli* O-serogroups) poprzez ograniczenie skupisku amplifikowanego genu O-antigen (*rfb-RFLP*). *Res. Microbiol.* 151, 639-654.

Coleman, B.L., Louie, M., Salvadori, M.I., McEwen, S.A., Neumann, N., Sibley, K. *i in.*, 2013. Zanieczyszczenie kanadyjskich prywatnych źródeł wody pitnej oporną na środki przeciwdrobnoustrojowe *Escherichia coli. Woda. Res.* 47, 3026 -3036.

Coleman, B.L., Salvadori, M.I., McGeer, A.J., Sibley, K.A., Neumann, N.F., Bondy, S.J., *et al.*, 2012. Rola wody pitnej w przenoszeniu opornej na antybiotyki *E. coli. Epidemiol. Zainfekować.*140 (4), 633-642.

Colonna, B., Ranucci, L., Fradiani, P.A., Casalino, M. , Calconi, A., Nicoletti, M., 1992. Organizacja genów aerobaktyny, hemolizyny i oporności antybakteryjnej w laktozo-ujemnych szczepach *Escherichia coli* serotypu O4 izolowanych od dzieci z biegunką. *Zainfekować. Immun.* 60, 5224-5233.

Contreras C.A., Ochoa, T.J. Ruiz, J., Lacher, D.W., Rivera, F.P., Saenz, Y., *et al.* , 2011. Zależności filogenetyczne pałeczek okrężnicy (*Escherichia coli)* wytwarzających toksynę Shiga, wyizolowanych z peruwiańskich dzieci. *J. Med. Mikrobol.* 60, 639-646.

Corvec, S., Prodhomme, A., Giraudeau, C., Dauvergne, S., Reynaud, A., Caroff, N., 2007. Większość szczepów *Escherichia coli* nadmiernie wytwarzających chromosomalną β-laktamazę AmpC należy do grupy filogenetycznej A. *J. Antimicrob. Chemother.* 60, 872-876.

Devine, D.A., Robinson, L., Roberts, A.P., 1989. Występowanie antygenów K1, K5 i O w izolatach *Escherichia coli* pochodzących od pacjentów z zakażeniami dróg moczowych lub bakteriemii. *J. Med. Mikrobol.* 30, 295–299.

Diallo, A.A., Bruge're, H., Ke'roure'dan, M., Dupouy, V., Toutain, P., Bousquet-Me'lou, A., *et al.*, 2013. Trwałość i rozpowszechnienie chorobotwórczej i o szerokim spektrum działania beta-laktamazy produkującej *Escherichia coli* w miejskiej oczyszczalni ścieków przyjmującej ścieki z ubojni. *Woda Res.* 47, 4719-4729

Dixon, B., 1998. *E. coli's* Double Life. *ASM News*. 64, 616-617.

Dolejska, M., Bierosova, B., Kohoutova, L., Literak, I., Cizek, A., 2009. Oporne na antybiotyki izolaty *Salmonella* i *Escherichia coli* z integronami i beta-laktamazami o rozszerzonym spektrum działania w wodach powierzchniowych oraz mew współczulnych. *J. Appl. Microbiol.* 106, 1941-1950.

Doumith, M., Day, M.J., Hope, R., Wain, J., Woodford, N., 2012. Udoskonalona strategia multipleksowego PCR w celu szybkiego przypisania czterech głównych grup filogenetycznych *Escherichia coli. J. Clin. Mikrobol.* 50(9), 3108-3110.

Duriez, P., Clermont. O., Bonacorsi, S., Bingen, E., Chaventre, A., Elion, J., *et al.*, 2001. Komensalne izolaty pałeczek okrężnicy (*Escherichia coli)* są filogenetycznie rozmieszczone w różnych geograficznie populacjach ludzkich. *Mikrobol*, 147, 1671-1676.

Dutta, S., Chatterjee, A., Dutta, P., Rajendran, K., Roy, S., Pramanik, K.C., Bhattacharya, S.K., 2001. Charakterystyka czułości i wydajności bezpośredniego PCR z próbkami kału w porównaniu z konwencjonalnymi technikami diagnostyki zakażenia Shigella i enteroinwazyjnego *Escherichia coli* u dzieci z ostrą biegunką w Kalkucie, Indie. *J. Med. Mikrobol.* 50, 667-674.

Escherich, T., 1885. Bakterie jelitowe noworodka i niemowlęcia. *Med* 3 Epizod 515-522, 547-554.

Escobar-Paramo, P., Clermont, O., Blanc-Potard, A.B., Bui, H., Le Bouguenec, C., Denamur, E., 2004a. Do nabycia i ekspresji czynników wirulencji *Escherichia coli* wymagane jest specyficzne podłoże genetyczne. *Mol. Bio. Evol.* 21(6), 1085-1094.

Escobar-Paramo, P., Grenet, K., Le Menach, A., Rode, L., Salgado, E., Amorin, C., *et al.*, 2004b. Wielkoskalowa struktura populacji ludzkich komensalnych izolatów *Escherichia coli. Aplikacja. Środowisko. Mikrobol.* 70, 5698-5700.

Escobar-Paramo, P., Le Menach, A., Le Gall, T., Amorin, C., Gouriou, S., Picard, B., *et al.*, 2006. Identyfikacja sił kształtujących komensalną strukturę genetyczną *Escherichia coli* poprzez porównanie izolatów zwierzęcych i ludzkich. *Środowisko. Mikrobol.* 8(11), 1975-1984.

Fasano, A., Noriega, F.R., Maneval Jr., D.R., Chanasongcram, S., Russell, R., Guandalini, S., *et al.*, 1995. *Shigella* enterotoksyna 1: enterotoksyna Shigella *flexneri* 2a aktywna w króliczym jelicie cienkim in vivo i in vitro. *J. Clin. Zainwestuj.* 95, 2853-2861.

Fathollahi, S., Yousefi-Mashouf, R., Goodazi, M.T., Hajilooei, M., Hemati, S. , Mostafaei, A., *et al.*, 2009. Typowanie uropatogennych szczepów *E. coli* przy użyciu O-serotypu i wykrywanie operonu adhezyjno-kodującego papkę za pomocą reakcji łańcuchowej polimerazy. *Iran. J. Clin. Zainfekować. Dis.* 4(2), 77-81.

Feng, L., Senchenkova, S.N., Yang, J., Shashkov, A.S., Tao, J., Guo, H., *et al.*, 2004. Charakterystyka strukturalna i genetyczna antygenu *Shigella boydii* typu 13 O. *J. Bacteriol.* 182, 383-392

Fleming, M.P., Datta, N., Gruneberg, R., 1972. Wytrzymałość Trimethoprimu określana za pomocą współczynników R. *Br. Med. J.* 1, 726-728.

Fluit, A.C., i Schmitz, F.J., 2004. Opornościowe integrony i super-integrony. *Clin. Mikrobol. Zainfekować.* 10, 272-88.

Gao, P., Mao, D., Luo, Y., Wang, L., Xu, B., Xu, L., 2012. Występowanie w środowisku akwakultury bakterii odpornych na sulfonamid i tetracyklinę oraz genów odpornościowych. *Woda Res.* 46, 2355-2364.

Garcia-Aljaro, C., Moreno, E., Andreu, A., Prats, G., Blanch, A.R., 2009. Fylogrupy, determinanty zjadliwości i oporności przeciwdrobnoustrojowej u *Escherichia coli* przenoszącej geny *stx2* izolowanej ze środowiska wodnego. *Res. Microbiol.* 160, 585-591.

Germani Y., 1995. Metody laboratoryjne-Enteropatogeniczność bakterii (*Escherichia coli jako* czynników zapalenia jelit), Institut Pasteur, Paryż, 1995.

Gillings, M., Boucher, Y., Labbate, M., Holmes, A., Krishnan, S., Holley, M., *et al.*, 2008. Ewolucja liczb całkowitych klasy 1 i wzrost oporności na antybiotyki. *J. Bacteriol.* 190, 5095-5100.

Girardeau, J.P., Dalmasso, A., Bertin, Y., Ducrot, C., Bord, S., Livrelli, V., *et al.*, 2005. Asocjacja genotypu wirulencji z tłem filogenetycznym w porównaniu z różnymi seropatotypami izolatów *Escherichia coli* produkujących toksyny Shiga. *J. Clin. Mikrobol.* 43, 6098-6107.

Giufre, M., Graziani, C., Accogli, M., Luzzi, I., Busani, L., Cerquetti M., 2012. *Escherichia coli* pochodzenia ludzkiego i ptasiego: wykrywanie grup klonalnych związanych z fluorochinolonem i opornością wielolekową we Włoszech. *J. Antymikrob. Chemother.* 67, 860-867.

Gniadkowski, M., 2008. Ewolucja β-laktamaz o rozszerzonym spektrum przez mutację. *Clin. Mikrobol. Zainfekować.* 14(Suppl 1), 11-32.

Goffin, C., i Ghuysen, J.M., 1998. Wielomodułowe białka wiążące penicylinę: enigmatyczna rodzina ortologów i paralogów. *Mikrobol. Mol. Biol. Rev.* 62, 1079-1093.

Goni-Urriza, M., Capdepuy, M., Arpin, C., Raymond, N., Caumette, P., Quentin, C., 2000. Impact of an urban effluent on antibiotic resistance of riverine *Enterobacteriaceae* and *Aeromonas* spp. *Appl. Environ. Mikrobol.* 66, 125-132.

Gordon, D.M., 2004. Wpływ czynników ekologicznych na rozmieszczenie i strukturę genetyczną pałeczek okrężnicy (*Escherichia coli*). In Neidhardt, F., *et al.*, (ed). *Escherichia Coli* i *Salmonella Typhimurium:* Biologia komórkowa i molekularna. American Society for Microbiology, Washington, DC, USA. http://www.ecosal.org/ecosal/index.jsp

Grad, Y.H., Godfrey, P., Cerquiera, G.C., Mariani-Kurkdjian, P., Gouali, M., Bingen, E., *et al.* , 2013. Genomika porównawcza ostatnich toksyn Shiga produkujących *Escherichia coli* O104:H4: krótkoterminowa ewolucja powstającego patogenu. *Ambio.* 4, 00452.

Grape, M., Sundstrom, L., Kronvall, G., 2003. Gen oporności *sulfonamidowej sul3* znajdujący się w izolatach *Escherichia coli* pochodzących od ludzi. *J. Antymikrob. Chemother.* 52, 1022-1024.

Guerra, B., Junker, E., Schroeter, A., Malorny, B., Lehmann, S., Helmuth, R., 2003. Fenotypowa i genotypowa charakterystyka oporności przeciwdrobnoustrojowej niemieckich izolatów *Escherichia coli* pochodzących od bydła, świń i drobiu. *J. Antymikrob. Chemother.* 52, 489-492.

Gunzburg, S., Gracey, M., Forbes, D., Hewitt, L., Bettelheim, K., 1988. Zespół hemolityczno-urazemiczny i werocytotoksyczna pałeczka okrężnicy (*Escherichia coli*). *Med. J. Aust.* 149, 54-55.

Hacker, J., i Kaper, J.B., 2000. Wyspa patogeniczności i ewolucja mikrobów. *Annu. Objaw Mikrobolu.* 54, 641-678.

Hamelin, K., Bruant, G., El-Shaarawi, A., Hill, S., Edge, T.A., Bekal, S., *et al.*, 2006. Zjadliwość i oporność przeciwdrobnoustrojowa mikromacierzy DNA wykrywa wysoką częstotliwość występowania genów wirulencji w izolatach *Escherichia coli* z wód rekreacyjnych Wielkich Jezior. *Aplikacja. Środowisko. Mikrobol.* 72(6), 4200-4206.

Hamelin, K., Bruant, G., El-Shaarawi, A., Hill, S., Edge, T.A., Fairbrother. J., 2007. Występowanie zjadliwości i genów oporności przeciwdrobnoustrojowej w izolatach *Escherichia coli* z różnych ekosystemów wodnych na obszarach rzek Św. Klary i Detroit. *Aplikacja. Środowisko. Mikrobol.* 73(2), 477-484.

Hatha, M., Vivekanandhan, A.A., Joice, G.J., Christol, 2005. Wzór odporności na antybiotyki aeromonad motylkowych pochodzących z hodowli ryb słodkowodnych. *Int. J. Food. Mikrobol.* 98 (2), 131-134.

Henderson, I.R., Czeczulin, J., Eslava, C., Noriega, F., Nataro, J.P., 1999. Charakterystyka pic, wydzielanej proteazy *Shigella flexneri* i enteroagregulacyjnej *Escherichia coli. Zainfekować. Immun.* 67, 5587-5596.

Henriques, I.S., Fonseca, F., Alves, A., Saavedra, M.J., Correia, A., 2006. Występowanie i różnorodność genów integronów i beta-laktamaz wśród izolatów odpornych na ampicylinę z wód estuaryjnych. *Res. Microbiol.* 157, 938-947.

Herzer, P.J., Inouye, S., Inouye, M., Whittam, T.S., 1990. Fylogenetyczna dystrybucja rozgałęzionego, wieloniciowego, jednoniciowego DNA powiązanego z RNA wśród naturalnych izolatów *Escherichia coli. J. Bacteriol.* 172, 6175-6181.

Hidalgo, L., Hopkins, K.L., Gutierrez, B., Ovejero, C.M., Shukla, S., Douthwaite, S. *i in.*, 2013. Związek nowego aminoglikozydowego determinanta oporności RmtF z karbapenemazą NDM w *Enterobacteriaceae* wyizolowanym w Indiach i Wielkiej Brytanii. *J. Antymikrob. Chemother.* 68(7), 1543-1550.

Higgins J., Hohn, C., Hornor, S., Frana, M., Denver, M., Joerger, R., 2007. Genotypowanie *Escherichia coli na* podstawie próbek środowiskowych i zwierzęcych. *J. Microbiol. Metody.* 70, 227-235.

Holzel, C.S., Harms, K.S., Bauer, J., Bauer-Unkauf, L., Hormansdorfer, S., Kampf, P., *et al.*, 2012. Różnorodność genów oporności przeciwdrobnoustrojowej i klas 1-integronów u filogenetycznie spokrewnionych świń i ludzi *Escherichia coli. Weterynarz. Mikrobol.* 160, 403-412.

Hooton, T., i Stamm, W., 1997. Diagnoza i leczenie nieskomplikowanych infekcji dróg moczowych, *Zakażenie. Dis. Clin. Północna Am.* 11, 551-581.

Hu, J.Y., Shi, J.C., Chang, H., Li, D., Yang, M., Kamagata, Y., 2008. Fenotypowanie i genotypowanie opornych na antybiotyki *Escherichia coli* wyizolowanych z naturalnego dorzecza rzeki. *Środowisko. Sci. Technol.* 42 (9), 3415-3420.

Huovinen, P., 2001. Odporność na trimetoprim-sulfametoksazol. *Clin. Zainfekować. Dis.* 32, 1608-1614.

Jenkins, C., Smith, H.R., Lawson, A.J., Willshaw, G.A., Cheasty, T., Wheeler, J.G., *et al.*, 2006. Serotypy, podtypy intymne i wzorce oporności przeciwdrobnoustrojowej atypowych enteropatycznych pałeczek okrężnicy (*Escherichia coli)* wyizolowanych w Anglii w latach 1993-1996. *Eur. J. Clin. Mikrobol. Zainfekować. Dis.* 25, 19-24.

Jerse, A.E., Yu, J., Tall, B.D., Kaper, J.B., 1990. Genetyczny locus enteropatogennej pałeczki okrężnicy (*Escherichia coli)* niezbędny do wytwarzania zmian przyczepnych i wymywanych na komórkach hodowli tkankowej. *Proc. Natl. Acad. Sci. U. S. A.* 87, 7839-7843.

Johnson, J.R, i Stell, A.L., 2000. Rozszerzone genotypy wirulencji szczepów *Escherichia coli* od pacjentów z urazówką w odniesieniu do filogenezy i kompromisu gospodarza. *J. Zainfekować. Dis.* 181(6), 261-272.

Johnson, J.R., i Russo, T.A., 2002. *Escherichia coli* (ExPEC) - patogeniczna pałeczka okrężnicy (Extraintestinal Patogenic *Escherichia coli*): Inny zły *E. Coli, J. Lab. Clin. Med.* 139, 155-162.

Johnson, J.R., i Russo, T.A., 2005. Molekularna epidemiologia pozajelitowej patogennej (uropatogennej) *Escherichia coli*. *Int. J. Med. Mikrobol.* 295, 383-404.

Johnson, J.R., Clabots, C., Kuskowski, M.A., 2008a. Wielokrotne dzielenie się żywicielami, długotrwała wytrwałość i zjadliwość klonów *Escherichia coli* pochodzących od ludzi i zwierząt z gospodarstw domowych. *J. Clin. Mikrobol.* 46, 4078-4082.

Johnson, J.R., Delavari, P., Kuskowski, M.A., Stell, A.L., 2001. Fylogenetyczne rozmieszczenie pozajelitowych cech zjadliwości w *Escherichia coli*. *J. Zainfekować. Dis.* 183, 78–-88.

Johnson, J.R., Gajewski, A., Lesse, A.J., Russo, T.A., 2003a. *Escherichia coli* patogenna z przewodu pokarmowego jako przyczyna inwazyjnych zakażeń układu moczowego. *J. Clin. Mikrobol.* 5798-5802.

Johnson, J.R., Kaster, N., Kuskowski, M.A., Ling, G.V., 2003b. Identyfikacja cech uwirulencji u *Escherichia coli* przez porównanie moczowych i odbytniczych izolatów *E. coli* od psów z zakażeniem dróg moczowych. *J. Clin. Mikrobol.* 41, 337-345.

Johnson, J.R., Kuskowski, M., Denamur, E., Elion, J., Picard, B., 2000. Pochodzenie klonowe, czynniki zjadliwości i zjadliwość. *Zainfekować. Immun.* 68, 424-425.

Johnson, J.R., Kuskowski, M.A., Gajewski, A., Soto, S., Horcajada, J.P., M. de Anta, T. J., *et al.*, 2005. Rozszerzone genotypy wirulencji i tło filogenetyczne izolatów *Escherichia coli* od pacjentów z zapaleniem pęcherza moczowego, odmiedniczkowego zapalenia nerek lub prostaty. *J. Zainfekować. Dis.* 191, 46-50.

Johnson, J.R., Kuskowski, M.A., O'Bryan, T.T., Maslow, J.N., 2002a. Epidemiologiczne korelacje genotypu wirulencji i podłoża filogenetycznego wśród izolatów krwi *Escherichia coli* pochodzących od osób dorosłych z bakteriemią o różnym pochodzeniu. *J. Zainfekować. Dis.* 185, 1439-1447.

Johnson, J.R., Oswald, E., O'Bryan, T.T., Kuskowski, M.A., Spanjaard, L., 2002c. Phylogenetic distribution of virulence-associated genes among

Escherichia coli isolates associated with neonatal bacterial meningitis in the Netherlands. *J. Zainfekować. Dis*. 185, 774-784.

Johnson, J.R., Owens, K., Gajewski, A., Clabots, C., 2008b. Wzorce kolonizacji pałeczek okrężnicy (*Escherichia coli)* wśród domowników i zwierząt domowych, ze zwróceniem uwagi na ostre zakażenie dróg moczowych. *J. Zainfekować. Dis*. 197, 218-224.

Kaper, J.B., 1996. Definiowanie EPEC. *Objaw Mikrobolu*. 27, 130-133.

Kaper, J.B., Elliot, S., Sperandio, V., Perna, N.T., Mayhew, G.F., Blattner, F.R., 1998. Badanie histopatologii jelit i miejsca wycieku enterocytów. W: Kaper, J.B., i O'Brien, A.D., (Eds.), *Escherichia coli* O157:H7 i inne szczepy *E. coli* wytwarzające toksyny Shiga. American Society for Microbiology, Washington, D.C., str. 163-182.

Kaper, J.B., Nataro, J.P., Mobley, H.L., 2004. Patogenna *Escherichia coli. Nat. Objaw Mikrobolu*. 2, 123-140.

Kauffmann, F. , 1943. Uber neue thermolabile Korperantigene der Coli-Bakterien. *Acta Pathol. Mikrobol. Scand*. 20, 21-44.

Kauffmann, F., 1944. O serologii grupy coli. *Acta Pathol. Microbiol. Scand*. 21, 20-45.

Kim, H.B., Wang, M., Ahmed, S., Park, C.H., LaRocque, R.C., Faruque, A.S., *et al*., 2010. Przenośna odporność na *chinolon* w *Vibrio cholerae. Antymikrob. Agenci Chemother*. 54, 799-803.

Kim, S., Jensen, J.N., Aga, D.S., Weber, A.S., 2007a. Tetracyklina jako selektor opornych bakterii w osadzie czynnym. *Chemosfera*. 66(9), 1643-1651.

Koczura, R., Mokracka, J., Jabłonska, L., Gozdecka, E., Kubek, M., Kaznowski, A., 2012. Oporność na środki przeciwdrobnoustrojowe izolatów *Escherichia coli przenoszących choroby* integronowe z próbek klinicznych, oczyszczalni ścieków i wód rzecznych. *Sci. Total Environ*. 414, 680-685.

Korzeniewska, E., i Harnisz, M., 2013. *Enterobacteriaceae* wytwarzające beta-laktamazę w ściekach szpitalnych. *J. Environ. Zarządzaj*. 123, 1-7.

Korzeniewska, E., Korzeniewska, A., Harnisz, M., 2013. Odporna na antybiotyki *Escherichia coli* w ściekach szpitalnych i komunalnych oraz ich emisja do środowiska. *Ecotoxicol. Środowisko. Bezpieczeństwo.* 91 96-102.

Kosek, M., Bern, C., Guerrant, R.L., 2003. Globalne obciążenie chorobami biegunkowymi, jak oszacowano na podstawie badań opublikowanych w latach 1992-2000. *Bull World Health Organ.* 81, 197-204.

Kraft, C.A., Timbury, M.C., Platt, D.J., 1986. Rozmieszczenie i lokalizacja genetyczna Tn7 w odpornej na trimetoprim *Escherichia coli. J. Med. Mikrobol.* 22, 125-131.

Krumperman, P.H., 1983. Wielokrotne indeksowanie oporności na antybiotyki *Escherichia coli w* celu zidentyfikowania źródła wysokiego ryzyka zanieczyszczenia żywności kałami. *Aplikacja. Środowisko. Mikrobol.* 46 (1), 165-170.

Kumar, H.S, Parvathi, A., Karunasagar, I., Karunasagar, I., 2005. Częstość występowania i oporność na antybiotyki *Escherichia coli* w tropikalnych owocach morza. *World J. Microb. Biot.* 21, 619-623.

Leclerc, H., Mossel, D.A.A., Edberg, S.C., Struijk, C.B., 2001. Postępy w bakteriologii grupy coliform: ich przydatność jako markerów bezpieczeństwa mikrobiologicznego wody. *Ann. Objaw Mikrobolu.* 55, 201-234.

Lecointre, G., Rachdi, L., Darlu, P., Denamur, E., 1998. Filogeneza molekularna *Escherichia coli* przy użyciu testu różnicy długości. *Mol. Biol. Evol.* 15, 1685-1695.

Lee, S., Yu, J.K., Park, K., Oh, E.J., Kim, S.Y., Park, Y.J., 2010. Grupy filogenetyczne i czynniki wirulencji w patogenetycznych i komensalnych szczepach *Escherichia coli* i ich związek z *blaCTX-M. Ann. Clin. Laboratorium. Sci.* 40, 361-367.

Leverstein-van Hall, M.A., Blok, H.E.M., Rogier, A., Donders, T., Paauw, A., Fluit, A., 2003. Wielolekooporność wśród *Enterobacteriaceae* jest silnie związana z obecnością integronów i jest niezależna od gatunku lub pochodzenia izolatu. *J. Zainfekować. Dis.* 187, 251-259.

Leverstein-van Hall, M.A., Paauw, A., Box, A.T., Blok, H.E., Verhoef, J., Fluit, A.C., 2002. Występowanie w społeczeństwie oporności globalnej jest powszechne i przyczynia się do powstawania oporności wielolekowej w szpitalu. *J. Clin. Mikrobol.* 40, 3038-3040.

Levesque, C., Piche, L., Larose, C., Roy, P.H., 1995. Mapowanie PCR integronów ujawnia kilka nowych kombinacji genów oporu. *Antymikrob. Agenci Chemother.* 39,185-191.

Levy, S.B., 1992. Paradoks antybiotykowy: Jak cudowne leki niszczą cud. Plenum Press, Nowy Jork.

Levy, S.B., 2002. Czynniki wpływające na problem oporności na antybiotyki. *J. Antymikrob. Chemother.* 49, 25-30.

Livermore, D.M., 1995. β-laktamazy w oporności laboratoryjnej i klinicznej. *Clin. Mikrobol. Rev.* 8, 557-584.

Livermore, D.M., 1998. Odporność na działanie beta-laktamy i możliwości jej kontroli. *J. Antymikrob. Agenci.* 41(Suppl. D), 25-41.

Luna, G.M., Vignaroli, C., Rinaldi, C., Pusceddu, A., Nicoletti, L., Gabellini, M., *et al.*, 2010. Ekstremalne pałeczki okrężnicy *Escherichia coli* przenoszące geny wirulencji w przybrzeżnych osadach morskich. *Aplikacja. Środowisko. Mikrobol.* 76(17), 5659-5668.

Machado, E., Canton, R., Baquero, F., Galan, J.-C., Rollan, A., Peixe, L., *et al.*, 2005. Zintegrowana zawartość beta-laktamazy o rozszerzonym spektrum produkującej szczepy *Escherichia coli w* ciągu 12 lat w jednym szpitalu w Madrycie, Hiszpania. *Antymikrob. Agenci Chemother.* 49(5), 1823-1829.

Machado, J., Grimont, F., Grimont, P.A., 2000. Identyfikacja typów pałeczek okrężnicy (*Escherichia coli)* poprzez ograniczenie amplifikowanego genu *fliC*. *Res. Microbiol.* 151(7), 535-546.

Mariano, V., McCrindle, C.M.E., Cenci-Goga, B., Picard, J.A., 2009. Badanie Case-control mające na celu ustalenie, czy woda w rzece może rozprzestrzeniać odporność tetracyklin na nienaświetlone impale

(*Aepyceros melampus)* w Parku Narodowym Kruger (Republika Południowej Afryki). *Aplikacja. Środowisko. Mikrobol.* 75(1), 113-118.

Martinez, J.L., 2008. Antybiotyki i geny oporności na antybiotyki w środowisku naturalnym. *Nauka.* 321, 365-367.

Martinez, J.L., 2009. Rola środowiska naturalnego w ewolucji cech oporności bakterii chorobotwórczych. *Proc. R. Soc. B.* 276, 2521-2530.

Martinez-Martinez, L., Pascual, A, Jacoby, G.A., 1998. Odporność na chinolon z przenośnego plazmidu. *Lancet.* 351, 797-799

Marynard, C., Fairbrother, J.M., Bekal, S., Sanschagrin, F., Levesque, R.C., Brousseau, R., *et al.*, 2003. Geny oporności przeciwdrobnoustrojowej w enterotoksycznych izolatach *Escherichia coli* O149:K91 uzyskanych w ciągu 23 lat od świń. *J. Antymikrob. Chemother.* 47, 3214-3221.

Mataseje, L.F., Neumann, N., Crago, B., Baudry, P., Zhanel, G.G., Louie, M., *et al.*, 2009. Charakterystyka odpornych na cefoksytynę izolatów *Escherichia coli* z plaż rekreacyjnych i prywatnej wody pitnej w kanadzie w latach 2004-2006. *Antymikrob. Agenci. Chemother.* 3126-3130.

Mazel, D., 2006. Integrony: czynniki ewolucji bakteryjnej. *Nat. Objaw Mikrobolu.* 4, 608-620.

Medeiros, A. A., 1984. β-laktamazy. *Br. Med. Byk.* 40, 18-27.

Mokracka, J., Koczura, R., Kaznowski, A. , 2012. Wielooporne *Enterobacteriaceae* o klasie 1 i klasie 2 integronów w miejskiej oczyszczalni ścieków. *Woda Res.* 46, 3353 -3363.

Moreno, E., Andrew, A., Pigrau, C., Kuskowski, M.A., Johnson, J.R., Prats, G., 2008. Związek pomiędzy szczepami *Escherichia coli* powodującymi ostre zapalenie pęcherza moczowego u kobiet a kałową populacją *E. coli* gospodarza. *J. Clin. Mikrobol.* 46, 2529-2534.

Moura, A, Pereira, C., Henriques, I., Correia, A., 2012. Nowe kasety genowe i integrony w bakteriach odpornych na antybiotyki wyizolowanych z miejskich ścieków. *Res. Microbiol.* 163, 92-100.

Moura, A., Henriques, I., Ribeiro, R., Correia, A., 2007. Częstość występowania i charakterystyka Integronów z bakterii wyizolowanych z rzeźniczej oczyszczalni ścieków. *J. Antymikrob. Chemother.* 60, 1243-1250.

Muniesa, M., Hammerl, J.A., Hertwig, S., Appel, B., Brussow, H., 2012. Toksyna Shiga produkująca *Escherichia coli* O104:H4: nowe wyzwanie dla mikrobiologii. *Aplikacja. Środowisko. Mikrobol.* 78, 4065-4073.

Munir, M., Wong, K., Xagoraraki, I., 2011. Uwalnianie odpornych na antybiotyki bakterii i genów w ściekach i biosolidach pięciu zakładów oczyszczania ścieków w Michigan. *Water Res.* 45, 681-693.

Munoz, R., i de la Campa, A.G., 1996. Podjednostka ParC topoizomerazy IV DNA *Streptococcus pneumoniae* jest głównym celem fluorochinolonów i współpracuje z podjednostką DNA gyrase A w tworzeniu fenotypu oporności. *Antymikrob. Agenci Chemother.* 40, 2252-2257.

Nataro, J.P, Streiner, T, Guerrant, R.L., 1998. Enteroagregacyjna *Escherichia coli. Emerg. Infekcja. Dis.* 4, 251-261.

Nataro, J.P., i Kaper, J.B., 1998. Biegunka *Escherichia coli. Clin. Mikrobol. Rev.* 11, 142 - 201.

Nataro, J.P., Kaper, J.B., Robins-Browne, R., Prado, V., Levine, M.M., 1987. Wzorce przylegania biegunki *Escherichia coli* do komórek HEp-2. *Pediatr. Zainfekować. Dis. J.* 6, 829-831.

Navarro-Garcia, F., Eslava, C., Villaseca, J.M., Lopez-Revilla, R., Czeczulin, J.R., Srinivas, S., *et al.*, 1998. Wpływ in vitro wysokocząsteczkowej enterotoksyny ciepło-labłonowej z enteroagregacyjnej *Escherichia coli. Zainfekować. Immun.* 66, 3149-3154.

Navia, M.M., Ruiz J, Sanchez-Cespedes, Vila, J., 2003. Detekcja genów reduktazy dihydrofolanowej za pomocą PCR i RFLP. *Diagnoza. Mikrobol. Zainfekować. Dis.* 46, 295-298.

Nowrouzian, F. L., Wold, A.E., Adlerberth, I., 2005. Szczepy *Escherichia coli* należące do grupy filogenetycznej B2 mają większą zdolność do utrzymywania się w mikroflorze jelitowej niemowląt. *J. Zainfekować. Dis*. 191, 1078-1083.

Nowrouzian, F.L., Adlerberth, I., Wold, A.E., 2006. Zwiększona trwałość mikrobioty kolonicznej szczepów *Escherichia coli* należących do grupy filogenetycznej B2: rola czynników wirulencji i przyczepności do komórek kolonicznych. *Mikrob. Zainfekować*. 8, 834-840.

O'Brien, A.D., i Holmes, R.K., 1996. Toksyny białkowe *Escherichia coli* i *Salmonella*. W: Neidhart, F.C., Curtiss, R., Ingraham, J.L., Lin, E.C.C., Low, KB., Magasanik, B., Reznikoff, W.S., Riley, M., Schaechter, M., Umbarger, H.E. (Eds.), *Escherichia coli* i *Salmonella*: Biologia komórkowa i molekularna. ASM Press, Washington, DC, str. 2788-2802.

Obeng, A.S., Rickard, H., Ndi, O., Sexton, M., Barton, M., 2012. Oporność na antybiotyki, zgrupowanie filogenetyczne i potencjał zjadliwości *Escherichia coli* wyizolowanej z kału intensywnie hodowanego i chowanego na wolnym wybiegu drobiu *Vet. Mikrobol*. 154, 305-315.

Ojer-Usoz, E., Gonzalez, D., Garcia-Jalon, I., Vitas, A.I., 2014. Wysokie rozpowszechnienie *pałeczek* jelitowych wytwarzających β-laktamazę o rozszerzonym spektrum w ściekach z oczyszczalni ścieków. *Water Res*. 56, 37-47.

Olaniran, A.O., Naicker, K., Pillay, B., 2009. Antybiotykowe profile opornościowe izolatów *Escherichia coli* ze źródeł rzecznych w Durbanie, RPA. *Świat. J. Microbiol. Biotechnol*. 25, 1743-1749.

Orsi, R.H., Stoppe, N.C., Sato, M.Z., Ottoboni, L.M.M., 2007. Identyfikacja *Escherichia coli* z grup A, B1, B2 i D w wodzie pitnej w Brazylii. *J. Woda. Zdrowie*.7, 323-327.

Orsi, R.H., Stoppe, N.C., Sato, M.Z., Prado, P.I., Ottoboni, L.M.M., 2008. Phylogenetic group distribution among *Escherichia coli* isolated from rivers in Sao Paulo State, Brazil. *Świat. J. Microbiol. Biotechnol*. 24, 1573-1577.

Orskov, F., i Orskov, I., 1975. Serotypy *Escherichia coli* O:H wyizolowane z ludzkiej krwi. *Acta Pathol. Mikrobol. Scand. Sekta. B*. 83, 595-600.

Orskov, F., i Orskov, I., 1984. Określanie serotypu *Escherichia coli*. s. 43-112. W T. Bergan (red.), Methods in microbiology, t. 14. Academic Press, Ltd., Londyn.

Orskov, F., i Orskov, I., 1992. Określanie serotypu pałeczek okrężnicy (*Escherichia coli)* i choroby u ludzi i zwierząt. *Puszka. J. Microbiol.* 38(7), 699-704.

Ozgumus, O.B., Celik-Sevim, E., Alpay-Karaoglu, S., Sandalli, C., Sevim, A., 2007. Molekularna charakterystyka odpornych na antybiotyki szczepów *Escherichia coli* wyizolowanych z wód kranowych i źródlanych w regionie przybrzeżnym u indyka. *J. Microbiol.* 45, 379-387.

Ozgumus, O.B., Sandalli, C., Sevim, A., Celik-Sevim, E., Sivri, N., 2009. Klasa 1 i klasa 2 integrony i oporność na antybiotyki sterowane plazmidem w przypadku bakterii z grupy coli wyizolowanych z dziesięciu rzek w północnej Turcji. *J. Microbiol.* 47, 19-27.

Partridge, S.R., 2011. Analiza regionów oporności na antybiotyki u bakterii Gram-ujemnych. *FEMS Microbiol. Rev.* 35, 820-855.

Perreten, V., i Boerlin, P., 2003. Nowy gen oporności sulfonamidowej (*sul3*) w *Escherichia coli* jest szeroko rozpowszechniony w populacji świń w Szwajcarii. *Antymikrob. Agenci Chemother.* 47(3), 1169-1172.

Philippon, A., Labia, R., Jacoby, G., 1989. β-laktamazy o rozszerzonym spektrum działania. *Antymikrob. Agenci Chemother.* 33, 1131-1136.

Picard, B., Garcia, J. S., Gouriou, S., Duriez, P., Brahimi, N., Bingen, E., *et al.*, 1999. Związek między filogenezą a zjadliwością w zakażeniu pozajelitowym *Escherichia coli. Zainfekować. Immun.* 67, 546-553.

Pitout, J.D., 2012. *Escherichia coli* patogenna zewnątrzpochodna: połączenie zjadliwości z opornością na antybiotyki. *Front. Mikrobol.* 3, 9.

Ramteke, P.W., i Tewari, S., 2007. Grupki *Escherichia coli* z wody pitnej. *Środowisko. Monit. Ocenić.* 130, 215-220.

Raczej T.A., Hussain, S.A., Bhat, S.A., Shah, S.N. , Arshid, S., Shahnawaz, M., 2013. Wrażliwość na antybiotyki *E. coli* i *Salmonella* wyizolowanych z różnych źródeł wody w Kaszmirze, Indie. *Comp. Clin. Pathol.* 22, 729-731.

Recchia, G.D., i Hall, R.M., 1995. Kasety Gene: nowa klasa elementów mobilnych. *Mikrobol.* 141, 3015-3027.

Reeves, P.R., 1994. Biosynteza i montaż lipopolisacharydu In: Bacterial Cell Wall (A., Neuberger i L.L.M., van Deenen, Eds.), 27, 281-314. Elsevier Science Publishers, Amsterdam, Holandia.

Reinthaler, F.F., Feierl, G., Galler, H., Haas, D., Leitner, E., Mascher, F., *et al.*, 2010. ESBL-produkujący *E. coli* w austriackich osadach ściekowych. *Water Res.* 44, 1981-1985.

Roberts, M.C., 1996. Determinanty odporności na tetracykliny: mechanizmy działania, regulacja ekspresji, mobilność genetyczna i dystrybucja. *FEMS Microbiol. Rev.* 19, 1-24.

Rodriguez-Siek, K.E., Giddings, C.W., Doetkott, C., Johnson, T.J., Fakhr, M.K., Nolan, L.K., 2005. Porównanie izolatów *Escherichia coli* związanych z zakażeniem dróg moczowych człowieka i ptasiej kolibacillosis. *Mikrobol.* 151, 2097-2110.

Roe, M.T., Vega, E., Pillai, S.D., 2003. Znaczniki oporności przeciwdrobnoustrojowej klasy 1 i klasy 2 zawierające *Escherichia coli* z wody nawadniającej i osadów. *Emerg. Infekcja. Dis.* 9(7), 822-826.

Ruiz, J., Gomez, J., Navia, M.M., Ribera, A., Sierra, J.M., Marcoa, F., *et al.*, 2002. Wysoka częstość występowania odpornego na kwas nalidyksowy fenotypu cyprofloksacyny wśród klinicznych izolatów *Escherichia coli* i innych *Enterobacteriaceae. Diagnoza. Mikrobol. Zainfekować. Dis.* 42, 257-261.

Russo, T.A., i Johnson, J.R., 2000. Propozycja nowego całościowego oznaczenia pozajelitowych izolatów patogennych *Escherichia coli*: ExPEC. *J. Zainfekować. Dis.* 181, 1753-1754.

Russo, T.A., i Johnson, J.R., 2003. Wpływ medyczny i ekonomiczny zakażeń pozajelitowych wywołanych przez *Escherichia coli*: skupienie uwagi na coraz ważniejszym problemie endemicznym. *Mikrob. Zainfekować.* 5, 449-456.

Sabate, M., Prats, G., Moreno, E., Balleste, E., Blanch, A.R., Andreu, A., 2008. Profile wirulencji i oporności przeciwdrobnoustrojowej wśród szczepów *Escherichia coli* izolowanych ze ścieków ludzkich i zwierzęcych. *Res. Microbiol.* 159, 288-293.

Sahoo, K.C., Tamhankar, A.J., Sahoo, S. , Sahu, P.S., Klintz, S.R., Lundborg, C.S., 2012. Geograficzne zróżnicowanie opornych na antybiotyki izolatów *Escherichia coli* z kału, krowy-dung i wody pitnej. *Int. J. Environ. Res. Zdrowie publiczne.* 9(3), 746-759.

Sambrook, J., Fritsch, E., Maniatis, V., 1989. Klonowanie molekularne: podręcznik laboratoryjny. Cold spring Harbor Laboratory Press, Nowy Jork.

Sambrook, J., Russel, D.W., 2006. Klonowanie molekularne: podręcznik laboratoryjny, Cold Spring Harbour Laboratory Press, Nowy Jork.

Sannes, M.R., Kuskowski, M.A., Owens, K., Gajewski, A., Johnson, J.R., 2004. Profile czynników wirulencyjnych i tło filogenetyczne izolatów *Escherichia coli* pochodzących od weteranów z bakteriemii i niezakażonych osób kontrolnych. *J. Zainfekować. Dis.* 190, 2121-2128.

Savarino, S.J., 1993. Enteroadherentna *Escherichia coli*: niejednorodna grupa *E. coli* związana z chorobami biegunkowymi. *Trans. R. Soc. Trop. Med. Hyg.* 87, 49-53.

Savarino, S.J., McVeigh, A., Watson, J., Cravioto, A., Molina, J., Echeverria, P., *et al.*, 1996. Enteroagregacyjna enterotoksyna *Escherichia coli* stabilna termicznie nie jest ograniczona do enteroagregacyjnej *E. coli*. *J. Zainfekować. Dis.* 173, 1019-1022.

Scheutz, F., Cheasty, T., Woodward, D., Smith, H.R., 2004. Oznaczenie O174 i O175 na tymczasowe grupy OX3 i OX7 oraz sześć nowych grup *E. coli* O, które obejmują verocytotoksyny wytwarzające *E. coli* (VTEC): O176, O177, O178, O179, O180 i O181. *Apmis.* 112, 569-584.

Scheutz, F., Moller, N.E., Frimodt-Moller, J., Boisen, N., Morabito, S., Tozzoli, R., *et al.*, 2011. Charakterystyka enteroagregacyjnego szczepu *Escherichia coli* O104:H4 powodującego wybuch zespołu hemolityczno-mocznicowego w Niemczech, produkującego enteroagregacyjną toksynę Shiga/werotoksynę. *Euro. Sondaż.* 16(24), pii: 19889.

Schimmer, B., Nygard, K., Eriksen, H.M., Lassen, J., Lindstedt, B.A., Brandal, L.T., *et al.*, 2008. Ognisko zespołu hemolityczno-mocznicowego w Norwegii spowodowane przez *stx2-dodatnią pałeczkę okrężnicy Escherichia coli* O103:H25 wywodzącą się z peklowanych parówek baranich. Zakażenie *BMC. Dis.* 8, 41.

Sehgal, R., Kumar, Y., Kumar, S., 2008. Częstość występowania i rozmieszczenie geograficzne *Escherichia coli* O157 w Indiach: 10-letnie badanie. *T. Roy. Soc. Trop. Med. H.* 102, 380-383.

Sekse, C., O'Sullivan, K., Granum, P.E., Rorvik, L.M., Wasteson, Y., Jorgensen, H.J., 2009. Wybuch epidemii *Escherichia coli* O103. *Int. J. Food Microbiol.* 133, 259-264.

Selander, R.K., Caugant, D.A., Whittam, T.S., 1987. Struktura genetyczna i zróżnicowanie w naturalnych populacjach *Escherichia coli.* In Neidhardt, F.C., Ingraham, J.L., Low, K.B., Magasanik, B., Schaechter, M. , Umbarger, H.E., (ed) *Escherichia coli and Salmonella typhimurium*: cellular and molecular biology, ASM press, Washington, DC, USA, 1625-1648.

Shaw, W.V., 1983. Acetylotransferaza chloramfenikolu: enzymologia i biologia molekularna. CRC *Crit.* Ks. *Biochem.* 14, 1-46.

Sheikh, J., Czeczulin, J.R., Harrington, S., Hicks, S., Henderson, I.R., Le Bouguenec, C., *et al.*, 2002. Nowe białko dyspersyjne w enteroagregacyjnej *Escherichia coli. J. Clin. Zainwestuj.* 110, 1329-1337.

Skold, O., 2000. Odporność na sulfonamid: mechanizmy i trendy. *Narkotyk. Oprzeć się. Aktualizacja.* 3, 155-160.

Skurnik, D., Le Menac'h, A., Zurakowski, D., Mazel, D., Courvalin, P., Denamur, E., *et al.*, 2005. Zintegrowana oporność na antybiotyki oraz filogenetyczne grupowanie izolatów *Escherichia coli* pochodzących od osób zdrowych, wolnych od niedawnej ekspozycji na antybiotyki. *Antymikrob. Agenci Chemother.* 49 (7), 3062-3065.

Smith, M.G. , Jordan, D., Chapman, T.A., Chin, J.J.-C., Barton, M.D., Do, T.N., 2010. Profile genów oporności przeciwdrobnoustrojowej i zjadliwości w wielolekoopornych enterotoksycznych *Escherichia coli* wyizolowanych od świń z biegunką po odsadzeniu. *Weterynarz. Mikrobol.* 145, 299-307.

Sobel, J., Gomes, T.A.T., Ramos, R.T.S., Hoekstra, M., Rodrigue, D., Rassi, V., *et al.*, 2004. Czynniki ryzyka charakterystyczne dla patogenów i czynniki ochronne w przypadku ostrej choroby biegunkowej u dzieci w wieku 12-59 miesięcy w Sao Paulo *w* Brazylii. *Clin. Zainfekować. Dis.* 38, 1545-1551.

Soufi, L., Abbassi, M.S., Sáenz, Y., Vinue, L., Somalo, S., Zarazaga, M., *et al.*, 2009. Częstość występowania i różnorodność integronów oraz związanych z nimi genów odpornościowych w izolatach *Escherichia coli* z mięsa drobiowego w Tunezji. *Foodborne Pathog. Dis.* 6, 1067-1073.

Stenutz, R., Weintraub, A., Widmalm, G., 2006. Struktury antygenów O-polisacharydów *Escherichia coli. FEMS Microbiol. Rev.* 30, 382-403.

Su, H-C., Ying, G.-G., Tao, R., Zhang, R.-Q., Zhao, J.-L., Liu, Y.-S., 2012. Klasa 1 i 2 integronów, genów oporności na *sul* i antybiotyki w *Escherichia coli* wyizolowanej z rzeki Dongjiang w południowych Chinach. *Środowisko. Pollut.* 169, 42-49.

Tacao, M., Correia, A., Henriques, I., 2012. Odporność na antybiotyki o szerokim spektrum działania w systemach wodnych: działania antropogeniczne modulują rozprzestrzenianie się genów *typu blaCTX-M. Aplikacja. Środowisko. Mikrobol.* 78, 4134-4140.

Tacao, M., Moura, A., Correia, A., Henriques, I., 2013. Współodporność na różne klasy antybiotyków wśród producentów ESBL z systemów wodnych. *Water Res.* 48, 100-107.

Talukdar, P.K., Rahman, M., Rahman, M., Nabi, A., Islam, Z., *et al*., 2013. Oporność na środki przeciwdrobnoustrojowe, czynniki zjadliwości i różnorodność genetyczna izolatów *Escherichia coli pochodzących z gospodarstw* domowych w Dhaka w Bangladeszu. *PLoS One*. 8(4), 61090.

Tavio, M.M., Vila, J., Ruiz, J., Ruiz, J., Martin-Sanchez, A.M., Jimenez de Anta, M.T., 1999. Mechanizmy związane z rozwojem odporności na fluorochinolony u szczepów *Escherichia coli*. *J. Antymikrob. Chemother*. 44, 735-742.

Thaker, M., Spanogiannopoulos, P., Wright, G., 2010. Tetracyklina jest oporna. *Komórka. Mol. Life Sci*. 67, 419-431.

Tozzi, A.E., Caprioli, A., Minelli, F., Gianviti, A., De Petris L., Edefanti, A., *et al*., 2003. Zakażenia *Escherichia coli* produkującej toksyny Shiga związane z zespołem hemolityczno-mocznicowym, Włochy, 1988-2000. *Emerg. Infekcja. Dis*. 9, 106-108.

Tzipori, S., Wachsmuth, K.I., Smithers, J., Jackson, C., 1988. Badania na prosiętach gnotobiotycznych na surowcach innych niż O157:H7 *Escherichia coli* serotypów wyizolowanych od pacjentów z krwotocznym zapaleniem jelita grubego. *Gastroenterol*. 94, 590-597.

Uber, A.P., Trabulsi, L.R., Irino, K., Beutin, L., Ghilardi, A.C., Gomes, T.A., *et al*., 2006. Enteroagregacyjna *Escherichia coli* od ludzi i zwierząt różni się głównymi cechami fenotypowymi i genami wirulencji. *FEMS Microbiol. Lett*. 256, 251-257.

Unno, T., Han, D., Jang, J., Lee, S.N., Ko, G.P., Choi, H.Y., *et al*., 2009. Brak szczepów filogenetycznych *Escherichia coli* grupy B2 u ludzi i zwierząt domowych z prowincji Jeonnam, Republika Korei. *Aplikacja. Środowisko. Mikrobol*. 75(17), 5659-5666.

Van, T.T.H., Chin, J., Chapman, T., Tran, L.T., Coloe, P.J., 2008. Bezpieczeństwo surowego mięsa i skorupiaków w Wietnamie: analiza izolatów *Escherichia coli* pod kątem odporności na antybiotyki i genów wirulencji. *Int. J. Food Microbiol*. 124, 217-223.

Veldman, K., Cavaco, L.M., Mevius, D., Battisti, A., Franco, A., Botteldoorn, N., *et al*., 2011. Międzynarodowe wspólne badanie nad występowaniem oporności chinolonu na plazmidy w *Salmonella enterica* i *Escherichia coli* wyizolowanych od zwierząt, ludzi, żywności i środowiska w 13 krajach europejskich. *J. Antymikrob. Chemother.* 66, 1278-1286.

Vila, J., Simon, K., Ruiz, J., Horcajada, J.P., Velasco, M., Barranco, M., *et al.*, 2002. Czy odporna na chinolony uropatogenna *Escherichia coli jest* mniej zjadliwa? *J. Zainfekować. Dis.* 186, 1039-1042.

Vrn, S.J., i Schonwald, S., 1996. Przyczepy uropatogennych szczepów *E. coli* i podatność na zakażenie dróg moczowych. *Acta. Clin. Crout.* 35, 9-12.

Walk, S.T., Alm, E.W., Calhoun, L.M., Mladonicky, J.M., Whittam, T.S., 2007. Zróżnicowanie genetyczne i struktura populacji *Escherichia coli* izolowanej od słodkowodnych plaż. *Środowisko. Mikrobol.* 9, 2274-2288.

Walsh, T.R., Weeks, J., Livermore, D.M., Toleman, M.A., 2011. Rozprzestrzenianie się bakterii NDM-1 pozytywnych w środowisku New Delhi i ich implikacje dla zdrowia ludzkiego: badanie prewalencji punktowej w środowisku. *Lancet Infect. Dis.* 11, 355-362.

Wang, L.H., Curd, W., Reeves, P.R., 1998. Sekwencjonowanie klastra antygenowego *Escherichia coli* O111O i identyfikacja specyficznych genów O-111. *J. Clin. Mikrobol.* 36(9), 3182-3187.

WHO - Światowa Organizacja Zdrowia. 1987. Program do zwalczania chorób biegunkowych (CDD/83.3 Rev. 1). Podręcznik dotyczący badań laboratoryjnych nad ostrymi zakażeniami jelitowymi, Genewa.

Willshaw, G.A., Scotland, S.M., Smith, H.R., Rowe, B., 1992. Właściwości wytwarzających cytotoksyny wero *Escherichia coli* pochodzenia ludzkiego z grup serologicznych O innych niż O157. *J. Zainfekować. Dis.* 166, 797-802.

Zhang, L., Foxman, B., Marrs, C., 2002a. Zarówno izolaty *Escherichia coli z* moczem, jak i z odbytu są zdominowane przez szczepy filogenetyczne grupy B2. *J. Clin. Mikrobol.* 40(11), 3951-3955.

Spis treści

Printed by Books on Demand GmbH, Norderstedt / Germany